Indoor Green Style

30位IG人氣裝飾家&
綠色植栽的搭配布置

生活中的綠舍時光

Contents

Part

01

選擇什麼植物，如何裝飾呢？

Part
02

很容易融入生活空間而大受歡迎！
無印良品的室內植栽

Part
03

培育方法小訣竅&大受歡迎的植物
室內植栽GUIDE

Indoor Green

Part

01

選擇什麼植物，如何裝飾呢？

以室內植栽
裝飾的生活
11 Styles

Name / waco

Instagram ID / @wacodays

室內植栽經歷 / 5 年

居處 / 自有公寓

file No 1

Q 室內植栽不可或缺的品項是？

「為了能夠輕鬆將植物栽培成健健康康的樣子，不可或缺的是底部吸水型的花盆，及附水位計花盆。不需要頻繁地澆水，也不必在底下放接水盆，看起來就非常美麗。兼具機能性及裝飾功能，因此我非常喜愛這類盆子。」

Q 室內植栽的魅力是？

「我喜歡給人溫暖＆有著溫柔氣息的裝潢，如果搭配上植栽，便能互相襯托，令人覺得更加有魅力。即使尺寸不大，生活當中只要有綠意，就能讓心情舒適。」

LIVING ROOM

陽光由南邊射入 盡情享受室內植栽！

房間規格為長直型，南邊是整面的落地窗。經常有陽光照射進來，是非常適合培育植栽的環境。房間正中有餐桌，上面吊著大大的鹿角蕨。以附水位計花盆培育的大型盆栽放在房間各處，成為心愛裝潢的一部分。沐浴在陽光之下、閃爍著活力光輝的室內植栽，使這裡成為令人炫目的空間。

「由小小的花盆開始種起，配合其成長換為大缽，才培育到變成這麼大。雖然不是什麼特別品種的鹿角蕨，但因為養了很久，也對它們非常有感情了。」

「黃椰子以稍具高度的花盆種植，因此非常有存在感。透過窗簾灑進來的陽光就足以充分培育它，也不太需要花功夫照顧。」和木製棚架也非常相襯。

「因為更改餐桌上方吊燈的位置，所以活用原先的吊燈架、拿來吊掛鹿角蕨。」

「像虎尾蘭這種小型室內植栽，就放進布製的盆栽套中，和雜貨一起陳列。一開始只有小小一株，目前已經分株成很多盆，是我長期培育的植栽之一。」

「孟加拉榕成長穩定，是樹型不太會變化的植物，因此比較容易能拿來融入裝潢的一部分。我也很喜歡它葉片的形狀。」剛剛好的高度，也營造出較為寬闊的空間。

GREEN CORNER Ⅰ

活用窗簾軌道・吊掛在窗邊

由房間中心的餐桌看過去，西邊是電腦和植栽專用的空間。西面的窗子從窗簾更換成木製百葉窗時，為了要吊掛植物，而特地留下窗簾軌道作為室內綠化用。和客廳一樣，這裡也有能照到陽光的窗子，所以放了大型盆栽。

「在牆上裝壁掛式收納，展示雜貨和小型植栽及薜荔。若將植物放在高處，會不好照顧，這時候就讓附水位計花盆發揮它的本領吧！」

「讓小的鹿角蕨在流木上或苔球裡生根後，再掛在窗簾軌道上，可以欣賞活用高度的展示樂趣。以各種方式培養，正是鹿角蕨的樂趣所在。」

「和客廳一樣，這裡是有大型窗戶的寬敞空間，因此擺放種植在大型花盆裡的植栽。這裡也同時擺放電腦桌，是個被植物環繞的幸福空間！」

「鹿角蕨或竹柏的植栽放在架子上。附水位計花盆比陶器輕一些，所以放在稍微高一點的地方，也還算安心。為了讓它們能確實照到陽光，將它們放在靠窗邊的位置展示。」

GREEN CORNER Ⅱ

展示喜愛的空氣鳳梨的空間

電腦桌背面這一帶，有空氣鳳梨及小型盆栽，也會修剪從盆子裡往外伸展的藤蔓植物，將它們插在水裡擺飾。為了讓這些植物看起來更加美麗，展示的方法得機靈些。放在較高位置＆不好照顧的盆栽，只要搭配附水位計花盆，重量也會比陶器花盆來得輕些，照顧上也比較輕鬆。

「將從盆栽探出頭的黃金葛剪下，插在水裡，和盆栽給人的感覺就完全不同，插在玻璃容器裡，會有透明感及輕巧感。只要有生命力強的藤蔓植物，便能輕鬆享受搭配室內植栽的樂趣。」

「空氣鳳梨不需要種在盆裡，也不需要插在水裡，所以能夠像雜貨一樣展示。不過它喜歡水，為了能在噴灑水之後馬上裝飾，最好還是放在器皿或盤子上。」

空氣鳳梨只要搭配流木，便能一口氣提升它的裝飾性，「同時考量噴水簡易性，以流木作為容器，放置法官頭或女王頭等種類的空氣鳳梨。」

「在愛心榕的盆子裡放上裝飾盤，讓空氣鳳梨與它共存。」此處可以直接噴水、不費工夫，真是一石二鳥的點子！

Name	/	tongarihouse
Instagram ID	/	@tongarihouse
室內植栽經歷	/	1 年
居處	/	獨棟房屋

file **Nº 2**

Q 對你來說，
室內植栽是什麼呢？

「家裡只放置必要的家具，非常簡單。因此我非常重視空間和裝潢之間的平衡，將植栽作為重點來擺放。對我家來說，植栽是不可或缺的。」

Q 室內植栽
不可或缺的品項是？

「早晚時分，葉片上的露珠是使植物保持活力的訣竅，因此我對噴霧器還挺堅持的。目前使用的噴霧器是美容專用的，噴出來的水非常細緻，使用起來很方便！是我家植栽不可缺少的物件。」

KITCHEN&DINING

一邊作家事，一邊眺望吊掛植栽

tongarihouse最喜愛的，便是自家餐桌上方的吊掛植栽。由於是開放式廚房，據說一邊眺望著植物、一邊準備餐點，心情會非常舒適。雖然人在室內，卻能有宛如在庭院陽台上用餐的心情，也是託了這些植物的福。

「以投射燈軌專用的掛鉤來掛藤蔓植物。統一盆子的種類和顏色、只有尺寸不同，吊掛網也使用相同顏色，混搭不同長度和種類。」

「餐桌上鋪的是深棕色的桌巾。能讓室內的植栽看起來更加有活力，宛如在森林中用餐的感覺。」

「將植栽裝飾在通風良好的隔間中，不僅看起來更加美麗，也能讓植物成長得較好。修剪成長後的植栽留下的樹枝或花朵，作成乾燥花來吊掛。」

「以樓梯的死角空間，展示鹿角蕨。只放置盆裡的鹿角蕨感覺沒有味道，所以就放了畫框，讓它看起來就像幅立體的圖畫。」

STAIRS SPACE

牆壁或樓梯轉角展示成繪畫風格

能夠依照牆壁大小或裝飾處來安排，正是壁掛植物的魅力。配合樓梯的樓層，裝飾各式各樣的空氣鳳梨；轉角處則放置畫框和植栽，營造出宛如立體繪畫的樣貌。樓梯扶手也可以作為藤蔓植物的家，如果家中有樓梯不妨試試。

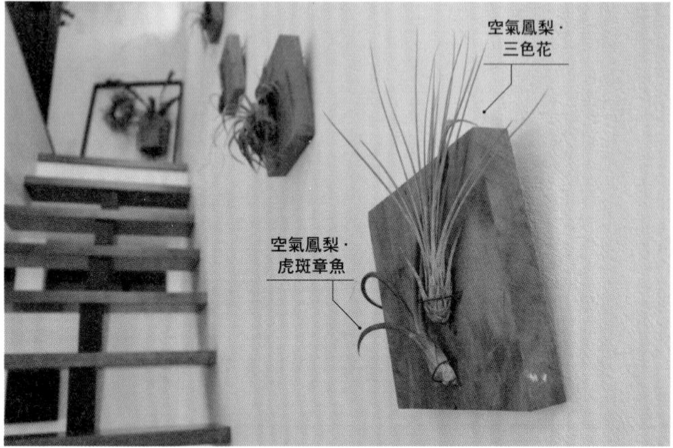

「以鐵絲將各式各樣的空氣鳳梨，固定在胡桃木的角材上。」空氣鳳梨不需要插在水裡，因此作為壁掛植栽裝飾。

「活用樓梯的鋼鐵扶手設計，作為藤蔓植物的空間。陽光由窗戶射入，通風也非常良好，是非常適合培育植栽的環境。」

BEDROOM

降低生活感
宛如飯店的臥室

臥房牆面的布置全都是自己DIY的原創作品。成長植栽及花朵修剪下來的部分作成乾燥花，將苔草作成畫框來為壁面綠化。以梯子吊掛小型植栽，藉此帶出立體感及高低差距達到平衡，成功營造出舒適的空間。

「在鋼鐵的梯子上吊掛常春藤、鵝掌柴和袖珍椰子等小型植栽。」成長方面，有的會往下垂掛，也有些向上攀爬交錯而過，呈現不同張力。

KITCHEN

摘取種植在庭院裡的香草
放在廚房窗邊以水耕栽培

廚房裡除了盆栽之外，也將庭院裡摘下的香草插在水裡，作菜時就能隨時取用。除了作為綠化妝點室內，也能使用在料理上，真是兩全其美！使用和鍋爐架相同材質的花盆來展示，變成了具有整體感的時尚廚房。

「最近我對瓶子草之類的食蟲植物很有興趣。而料理時會頻繁使用的薄荷、迷迭香、羅勒、平葉芫荽都在庭院裡，所以會先摘一些放在這兒以水耕栽培。」

「配合不鏽鋼材質的鍋爐架，以不鏽鋼碗作為花盆，種植鐵線蕨、金琥（仙人掌）和黃金葛。」將成長方式相異的植栽搭配裝飾，正是取得平衡的祕訣。

LIVING ROOM

高2m的愛心榕是重點樹木

具有開放感、寬敞的自然風格客廳，非常適合有一定高度的愛心榕。花盆使用輕且穩固、但又具備厚重感的FRP花盆，使其成為具有存在感的物品。愛心榕喜愛沐浴在陽光下，只要放在偌大的窗戶旁，便能讓它接受足夠的日照，客廳的樓梯周遭也加以綠化。

「將苔草鋪在畫框中，作為壁面綠化。客廳的樓梯周遭，則放置具有存在感的愛心榕或香港鵝掌藤的盆栽。」

file No 3

Name	hiro.rororo
Instagram ID	@hiro.rororoo
室內植栽經歷	約 2 年
居處	獨棟房屋

Q 在照顧室內植栽的時候，
要特別注意的事情是？

「配合家裡的環境，及照顧植物的方式來選擇植栽。不管是有多憧憬某樣植物，如果不能好好栽培，那就在店面觀賞就好。最重要的是水源不能斷絕、但也不能澆太多水。」

Q 在擺設室內植栽的時候，
有什麼特別的堅持？

「在擺設植栽的時候，特別堅持DIY。為了擺設植栽而DIY打造架子，或配合房間給人的印象而油漆花盆。這樣一來，也會更加喜愛自己擺設的那些植栽。」

LIVING ROOM

重點角落＆搭配

客廳牆壁一角是海藍色的角落，所以將常春藤的花盆漆成配合牆面的顏色。馬拉巴栗和佛手蔓綠絨的花盆，則是與房間色調相符的簡單色彩。這兩種植栽，到了春天就會長出新葉片，令人非常興奮。

KITCHEN

家中重心是最喜愛的廚房吧檯

hiro.rororo表示，廚房是家的重心，也是裝飾有許多植栽處，尤其是廚房吧檯周邊，是最喜愛的地方。擺放像吊鐘花這類季節性枝材，也是堅持之一。枝材不需要頻繁換水、也不必花功夫照顧。吧檯下則是小型盆栽的空間。

「我最喜歡種在藍色盆子裡的Pineapple Corn。」將植栽放在有頂面的架子上時，基本上就放置不會長高的植物，以各式各樣的花盆來裝飾。

「廚房吧檯上除了吊鐘花之外，也隨手放上較大的空氣鳳梨法官頭。」放在吧檯尾端，便能平衡整體感。

「最近喜愛的裝飾方式，是像『黑法師』那樣，將小型花盆放進玻璃器裡的方法。樣子會看來有些不同，能夠成為裝飾重心。」

FREE SPACE Ⅰ

用來展示
多肉植物的空間

翠綠龍舌蘭是hiro.rororo今年新迎入家中的植栽。在尋找能夠完美融入房間氛圍的植物時，看見它就感到興奮不已。裝了多肉植物的小盆栽，也為了配合房間色調而自己幫盆子上色。展示起來宛如小裝飾品一樣，正是生命力強的多肉植物的魅力。

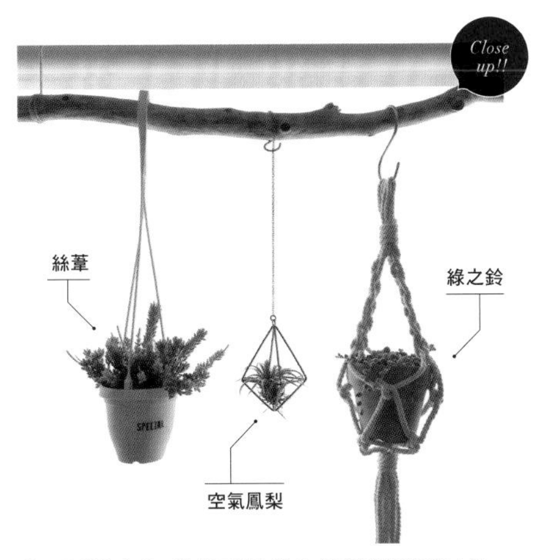

「以吊掛的方式，裝飾可以欣賞其成長的絲葦和綠之鈴。真希望能早點看到長大伸長的樣子呢！」會伸展葉片、向下垂掛的植栽，搭配起來非常時尚。

FREE SPACE Ⅱ

以流木吊架懸掛
妝點著空間

以流木製作的吊架、麻繩編織的植物吊網等，是一種納入自然風格的展示方式，與海洋風格的房間非常相襯。就算沒有窗台、或不想放在架子上，也都能以吊掛的方式處理，展示時也不需在意植栽的大小。日照和通風都非常良好，還能觀賞植物的成長。

無表情的白色牆面，就交給吊掛後會垂下的松蘿吧！

WALL SPACE

以存在感強烈的空氣鳳梨作為白色牆面的重點！

牆壁上貼著木製的英文字母裝飾，再加上松蘿及乾燥花。木製的英文字母及具沉穩感的空氣鳳梨和乾燥花，很適合營造不過於甜美的房間。只要在空間放上一點植物，就能使房間的樣貌煥然一新。

DIY CORNER

插上一枝水耕栽培植物或當季花朵

DIY的簡易型展示桌，是擺放水耕栽培植物或裝飾著季節性花朵的可愛空間。有著銀色輕飄飄葉片的銀葉樹，之後也能作成乾燥花裝飾在牆上，能長時間欣賞它。想要簡潔地裝飾植物時，使用水耕栽培也OK，還能觀察根部的成長。

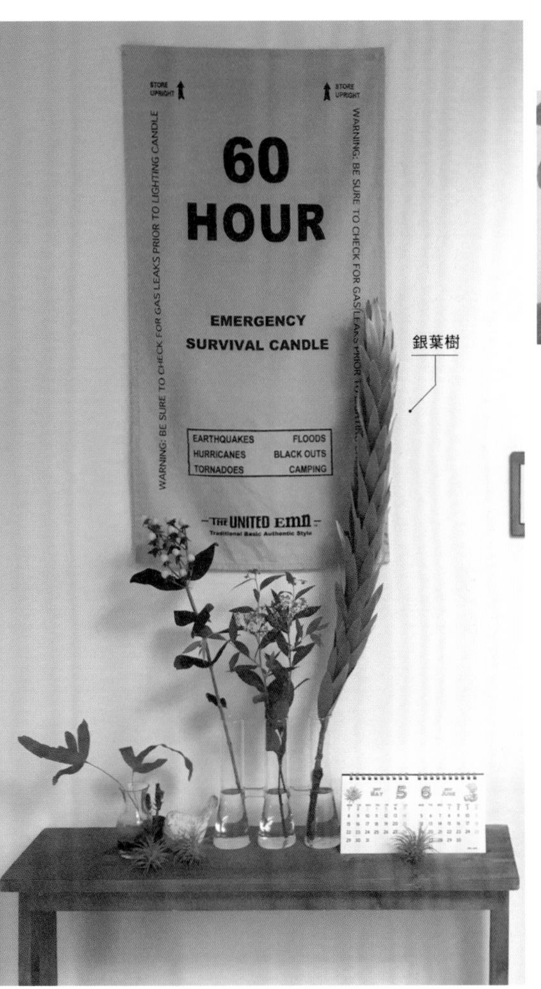

「水耕栽培的藍星蕨最近長出新葉片了。水耕栽培只要換水就好，照顧起來非常輕鬆，又能確認植物的成長，是我非常喜歡的培育方式。」

「即使是日照不太夠時，我也會將藍星蕨吊掛起來作為裝飾。因為是蕨類植物，非常耐旱，也具備耐陰性，適合照不太到太陽的空間。」

Name	/	naoon
Instagram ID	/	@naos70
室內植栽經歷	/	約 11 年
居處	/	獨棟房屋

file **Nº 4**

Q 選擇室內植栽的決定性因素是？

「將房間打造成復古風雜貨店一般，所以相較於可愛的物品，會留意比較男性風格的植物。自己好像下意識會選擇能配合房間氣氛、剪影帥氣的植物。」

Q 在擺設室內植栽時，有什麼特別的堅持呢？

「以心目中的『成熟帥氣』為主題，展示的風格不要太過甜美。例如盆栽的選擇方式，不管是穩重的顏色或白色，都會選擇帶點髒汙感的，更能襯托出室內裝潢的感覺。」

LIVING ROOM I

以黑板作為展示，襯托綠色植物

在木板上塗上黑板顏料，自己加工的板子是裝飾重點，將男人味風格的植物們展現地更加帥氣。季節不同、日光射入的方式也不太一樣，配合陽光變更植栽的擺放，花點功夫讓它們能曬到更多太陽。法官頭非常具有存在感，以雜貨店買的烤肉網捲起來作為它的底座。

LIVING ROOM Ⅱ

決定第一印象之後 就來打造房間的風貌

一打開客廳大門，首先映入眼簾的就是這裡。採用復古風格的家具和帥氣的植栽來搭配。因為窗戶距離鄰居很近，吊掛上松蘿和垂吊性植物石松，除了能夠降低壓迫感之外，也能發揮天然的遮蔽效果。

「在窗邊放置復古風格沙發時，將梯子橫放、作為架子使用，裝飾小小的盆栽，就不會有壓迫感，可以三不五時就更換它的樣子。」

WALL SPACE

有牆面的角落
就拿來當植物空間

客廳角落的窗邊，是木板條和手工打造棚架的植物空間，以法官頭等帶出冷酷氣氛。在鐵絲網上放置翠綠龍舌蘭等穩重盆栽，藉此展現naoon心目中的帥氣風植栽。與其讓植物四散各處，不如集中在一個地方展示，更容易表現出世界觀。

KITCHEN

搭配室內裝潢&植物
重新打造牆面

房子剛蓋好時，十分著迷於天然風格裝潢，因此有珪藻土的牆面上弄了一些磚瓦。結果和目前喜歡的成熟帥氣家具及植物不搭調。將木條以固定器裝上木板，DIY改造出廚房前的牆壁。貼上木板，植物就被襯托出來了，和廚房的整體性也變好。

「廚房前的吧檯上放置有大有小的橡膠樹（圖右）。配合廚房主色系的黑色，盆栽的顏色也選用黑的，就能有統整感（圖左）。」

FREE SPACE

考量方位，放置最適合培育的植物

分清楚成長中需要陽光、與不需要陽光的品種，配合場所來放置適合的植物，這也是順利培育室內植栽的祕訣。北邊的窗子放不需要太多水和陽光就能養的仙人掌就對了。鹿角蕨建議放在日照良好處，或透過窗簾仍有足夠陽光的陰影下就能養得好的環境。

「北邊的窗子只有西下的陽光，所以放置仙人掌等較強悍的植物（上圖）。鹿角蕨則是吊掛在面西方處，南邊窗子有大量日光照進來（下圖）。」

file Nº 5

Name	/ jun_tiki
Instagram ID	/ @jun_tiki
室內植栽經歷	/ 10 年
居處	/ 自有公寓

Q 在培育室內植栽時，有什麼特別的堅持？

「到了春天，就會幫室內植栽換盆。定期更換培育環境，能夠防止根部腐爛，讓它們長得更大。盆子和盆栽套，會考量與室內裝潢間的平衡之後再選擇。」

Q 養室內植栽的契機是？

「我的理想是擁有獨棟房屋、在庭院裡栽種植物的生活，但非常困難，所以換個念頭，想說在公寓裡養室內植栽吧！經常去購買的店家也給了我很多建議。」

「翠綠龍舌蘭，光是葉片就很有個性，我非常喜歡它的外型。龍舌蘭都滿有分量感的，和水泥有腳的花盆很相配。」

「像是柱狀仙人掌的大雲閣，和宜得利購買的有著黑色細長腳的花盆非常相襯。簡潔直挺伸高的姿態非常美麗，幾乎不太需要澆水。」

Close up!!

LIVING ROOM I

以白色為基底的客廳
很適合具分量感的植物

相對於全白的家具，巨大的羽裂蔓綠絨完全發揮其存在感，醞釀出宛如叢林般的氣氛。配合房間的顏色，花盆和盆栽套都選用白色為基礎的物件，重點物品則選擇黑色。使用附腳架花盆，或將植物放在桌面上展示，就能營造出穿透感，即使是大型植栽，也不會有壓迫感。

「幾乎不需要澆水，也不容易枯萎，白雲閣是非常具存在感的柱形仙人掌，是很容易培育的植物。」幾乎只要放著不管就行的仙人掌，是室內植栽強而有力的好夥伴。

LIVING ROOM Ⅱ

黑白色調室內裝潢
不經意的放點綠色植物

窗邊的沙發區放的植物，是以小盆的多肉植物為中心。釘在牆上的架子，擺放著仙人掌和小物當裝飾。即使是充滿無機感的黑白房間，只要放點有生命力的植物，就能成為活力十足的空間。將多肉植物像收集品一般擺放，就能維持簡潔的風格。

「以整齊劃一的水泥盆來種仙人掌的紫太陽、虎尾蘭和蘆薈三種多肉植物。」雖然是不同的植物，但只要使用相同的盆子，就能帶來穩定感。

「多肉植物的花麗，以木塊打洞作成的花盆來養。」雖然是非常有分量的盆子，但因為是木製，所以很輕巧，和可愛的多肉植物非常相襯。

「以灰漿風格色調的花盆培育的綠玉樹，只要有好好澆水，就會一直成長，是非常強悍的植物。一直長出新芽來，比一開始多了許多分量。」

BEDROOM

任何室內裝潢都OK 隱約露臉的植物

能夠搭配各種風格的擺設，正是植物的強項。從Ferm LIVING的黑色植物盆中露出可愛臉龐的是五色萬代，龍舌蘭的一種。在龐大的植物盆中除了植物之外，放上其他東西，也能使植物融入該空間。將植物放置在視線的高度，便能隨時確認其成長。

MAKEUP SPACE

以馬口鐵水桶 讓大型植物變得輕盈

以法國園藝品牌Guillouard的馬口鐵水桶作為盆栽外罩盆。輕巧又堅固的材料，拿來盛裝孟加拉榕這類高大的植物剛剛好。馬口鐵宛如再生材料的味道，可以提升室內裝潢氣氛，和櫥櫃等白色家具也非常相配。

Name	YOSHIKO_san さん
Instagram ID	@sakura.395
室內植栽經歷	6 年
居處	獨棟房屋

file Nº 6

Q 最喜歡的植栽角落是哪裡呢？

「由廚房望向客廳的景色。從閣樓垂掛下來的藤蔓植物、及跨越橫樑的植物搭配在一起，真是絕佳風景。植物種類中，我最喜歡空氣鳳梨、鹿角蕨等，因此以它們來作展示。」

Q 在擺設室內植栽時，有什麼特別的堅持呢？

「活用客廳的橫樑來吊掛。擺設重點是不要糊成一團，必須有比較集中的地方，和拉開一些空間之處，作出鬆緊張馳的感覺。我也非常留心日光照射方式、是否通風及澆水的時機。」

「象耳鹿角蕨如其名，特徵是孢子葉宛如大象耳朵形狀，是非常可愛的品種。存在感也很強，是我特別喜愛的植物之一。」

「彗星是最剛開始購買的空氣鳳梨，因此我非常珍愛它。它有著柔軟的銀色葉片，和白色牆壁非常搭。」鬱鬱蔥蔥的樣子非常好看。

LIVING ROOM I

沙發上方的布置不能擋到路

高山榕和空氣鳳梨·彗星等放在綠色沙發的上方，似乎是能讓屋主最為放鬆的配置。因為房間的天花板挑高且有橫樑，因此與較大的植物也能取得平衡感。藉由使用較多灰綠色的空氣鳳梨，即使有許多植物，也能讓氣氛感覺沉穩。

LIVING ROOM Ⅱ

以梯子作吊掛！有效活用天花板空間

YOSHIKO_san讓個性豐富、形狀各式各樣的植物不會相撞，且擺飾的格調非常有品味。除了手工打造吊掛用鈎之外，也會讓植物著生於海邊撿來的珊瑚上，將其變化為符合客廳的樣子。為了吊掛許多植物，因此將梯子跨在橫樑上。

「我讓阿比達生根在我從石垣島上撿回來的珊瑚上，在植物吊籃裡放進許多貝類，展示出宛如石垣島海邊的風景。」

「宛如吊燈般垂掛的火球彩葉鳳梨，就在餐桌上方，綻放它的華麗與存在感。」生氣蓬勃的生長方式非常有魅力。

「為了活用滷肉的帥氣樣貌，以鍊子來吊掛。具有弧度的曲線真的很美。」微微帶著赤紅的色彩，也為空間帶來諧調感。

「我非常喜愛法官頭的形狀和顏色，是我最喜歡的空氣鳳梨品種。捲捲的葉片形狀非常可愛。」根據養育方式不同，也有些可以長成球一樣的形狀。

Name	/	政尾惠三子
Instagram ID	/	@home_aholic_emi
室內植栽經歷	/	7 年
居處	/	獨棟房屋

Q 將室內植栽養好的祕訣是？

「就算不花費太多工夫，也能長期照顧就是祕訣。我放置的是大概一星期澆一次水就OK的植物。失敗了許多次之後，我也比較了解家中比較適合擺放的場所，和植物特性等。」

Q 在擺設室內植栽時，有什麼特別的堅持呢？

「在擺放處設置高低落差，將搭配的雜貨改變擺放方式，可以享受變化的樂趣。將盆栽全部放在活動推車上，季節和天氣變化時，可以輕鬆將植物移動到能舒適生長的場所。」

「十二之卷等小型多肉植物，可以放在玻璃瓶內以水耕培養，雞毛撢子則選用琺瑯杯，峨嵋山以無機物感的盆子種植，便能展現復古風格。」

KITCHEN

廚房的植物以水耕乾淨培育

如果很在意，不想要在廚房周邊放置大量盆栽，那麼使用水耕栽培也是一招。照顧起來很輕鬆，如果裝進玻璃容器，還能看起來有清涼感。也能看見新生的根長出來的樣子，欣賞它纖細的成長樣貌。廚房吧檯側面的牆壁，裝飾著垂掛下來的美麗黃金葛，成為磁磚風格廚房的重點。

LIVING ROOM

日照好的窗邊就多放些植物

對植物來說，只要有適當的日照，不僅能夠活得長久，照顧起來也比較輕鬆。變化各種裝飾花盆的方式，如使用吊掛、放在推車上、盆栽套等，就能成為有張力的客廳。配合復古風室內裝潢，搭配手工花盆和盆栽吊網裝飾，也非常不錯。

「種植火球彩葉鳳梨的盆子，綁上了雜貨店賣的手帕，再以手工編織的植物吊網來吊掛。」如果懶得幫盆子刷漆，很推薦使用這種方法。

「十二之卷或峨嵋山等植物，種在手工製作的水泥盆裡。因為有很多盆，所以一起放在IKEA的活動推車上裝飾。」

「猴耳環會向上延伸、長得太高，因此我讓它沿著曲木生長。」調整枝葉的方向，使其貼合那個場所的形狀，也是室內植栽的樂趣。

「以米袋改造的盆栽套，培育有著大片葉子、令人印象深刻的琴葉榕。只要是明亮處都能培育，非常輕鬆。」米袋用的牛皮紙材料感非常可愛。

Name / noi_hibi

Instagram ID / noi_hibi

室內植栽經歷 / 2 年

居處 / 獨棟房屋

file Nº 8

Q 最喜歡的植栽角落是哪邊呢？

「我非常喜愛放了電腦桌周邊的植物，在以電腦工作的時候，看看周遭就有綠色植物，這樣的環境讓人感到非常療癒。我每天都會看看植物的樣子，實在很可愛。」

Q 栽種室內植栽的契機是什麼呢？

「由於買了獨棟房子，有空間可以裝飾，所以開始種植室內植栽。我原本就很喜歡以雜貨等物件來進行裝飾，所以會考量植物和雜貨的平衡，一邊布置展示，這是我最近的樂趣。」

ENTRANCE

玄關要放置決定家中第一印象的植物

玄關入口的樓梯周邊空間，裝飾著藤蔓植物Sugar Vine，和有著捲捲葉片特徵的垂葉榕，以葉片形狀展現其魅力。兩種的綠色都非常深沉，既不會太誇張，也不會太樸素，令人印象深刻，因此白色或天然風格材料的盆子都非常相襯。作為決定家裡第一印象，迎接賓客的植物，也非常優秀。

「牆壁上有畫框和照明，下面就裝飾垂葉榕和圓扇八寶。考量要與小型家具達到平衡，因此選擇放置葉片帶有圓形感的植物。」

「將藤蔓植物Sugar Vine放進我在the Farm UNIVERSAL購買的籃子裡，空氣鳳梨則丟進玻璃罐中，就有非常清涼的感覺。」

「愛心榕放在小地墊上，藤編織椅上則擺著多肉植物。愛心榕曾經葉片掉光光，但後來又長出新葉，令人忍不住疼愛它。」

LIVING ROOM

較高的植物
就當成客廳的主題

客廳是家人聚集的場所，所以我放了會讓大家想要聚集、具有代表性的植物，將愛心榕放在明亮的窗簾前。像客廳這樣寬敞的空間，也非常適合這種葉片很大的植物。搭配小型凳子和地墊，平衡感也很好。

「較高的孟加拉榕是家中重心，就放在電視旁。」大葉片的植物很容易堆積灰塵，因此要以濕布擦拭保養。

Close up!!

「在孟加拉榕上面，放了刷子作的松鼠和貓頭鷹裝飾！」看起來像小動物在遊玩般的可愛裝飾品，有小孩的家庭也很適合這種裝飾方法。

KITCHEN

在廚房感到療癒的植物角落

在廚房吧檯盡頭，放了個裝飾多肉植物盆栽的架子。考量到平衡問題，並醞釀出異國情調，將羽裂蔓綠絨放在旁邊，這是喜愛濕度，也具耐寒性的植物，很適合放在廚房。花盆的色調配合家具，非常和諧。在作菜時，看見植物就覺得心情愉悅。

「將十二之卷和我與丈夫首次挑戰組盆的多肉植物，一起放在架子上。」多肉植物單獨種很可愛，但若將很多種類組合種植，便能提升室內氛圍。

「書桌旁的架子上，基本上會放喜歡的植物，但有刻意讓前排和後排的花盆各自一致，外觀看起來比較清爽。」

STUDY ROOM

融入室內裝潢中的小小植物

書桌周邊的架子和書架上，並排放置雜貨和植物，感覺就像是書本主題的咖啡店的搭配方式。如果要放好幾個盆栽，就要調整花盆種類來擺設。要放稍高的植物時，旁邊搭配較矮的雜貨，就會比較平衡。相較之下，如果東西比較多的書房，小小的植物就會宛如一幅畫。

Close up!!

「為了融入書櫃，植物選擇黑法師，有點高度，所以將雜貨宛如隨手放在它前面，這是讓擺設能更平衡所花的功夫。綠色也能夠成為書架的重心。

Name	／ 藍
Instagram ID	／ @888moni
室內植栽經歷	／ 從有意識起
居處	／ 獨棟房屋

Q 在擺設室內植栽的時候，有什麼特別的堅持呢？

「最重要的就是，打造出家人能夠放鬆的環境。因此花盆維持在10個以內就好，我很在意到處亂放的感覺。其它就補上季節性的枝葉，不需要太勉強，就能輕鬆管理。」

Q 對你來說，室內植栽代表了什麼？

「培養植物是生活的一部分。精神上、時間上若沒有多餘心力，植物就會乾枯或變色。因為植物不會說話，所以必須經常留心。它們是反映自己工作方式及生活環境的一面鏡子。」

KITCHEN

植物＋花 營造出清爽配色

對女性來說，比較會長時間滯留在廚房，因此從那裡看出去的景色非常重要。讓人開心、清爽的配色，是要留意的重點。例如受到電影《樂來越愛你》鼓舞時，就以台灣吊鐘花的枝葉為背景，再選用電影女主角洋裝意象的黃色花朵，帶出整體感。

「在電視旁放了猴耳環。而乾燥的尤加利不需要水或日光，是照顧起來非常輕鬆、又能欣賞的植物，也會變換擺放方式（下圖）。」

LIVING ROOM

調整映入眼簾的顏色平衡，成為安心的空間

為了讓長時間待著的客廳成為舒適的地方，牆面選用柔和的消光米色。這是六個榻榻米（三坪）左右的空間，因此盆栽會配合矮沙發的高度。不讓人感受到狹窄，使它成為舒適的空間。燈罩以人造植物覆蓋，展現出宛如樹蔭下的自然光亮。

Close up!!

「先生負責以流木來製作裝飾。將三枝樹枝以極佳平衡擺放，細長的枝葉令人印象深刻。吊掛著空氣鳳梨和修剪的樹枝。」

DINING ROOM Ⅰ

在高處放置植物
能讓房間看來更寬敞！

在房間高處擺放植物裝飾，比起在地上放一堆植物，離視線比較近的地方，更能夠自然映入眼簾，而且房間也會看起來比較寬敞。最重要的是，打掃時不需要移動植物，輕鬆多了。桌上則搭配芳香天竺葵，這是不會干擾用餐，只有些微清香的植物。

DINING ROOM Ⅱ

「我回來了！」能讓人返家時活力十足的明亮房間

一打開房間大門，無論哪個角落都能看見植物。以培育植物為前提，選擇了有著明亮客廳的房子，而為了不讓空間感覺起來有壓迫感，從最前面往後方陳列越來越高的植物。為了讓植物和牆面能互相映襯，也盡量不放置除了花之外的有色物品。

「我家的重點樹木是細葉榕，由於它非常高，所以將它放在牆邊。相反的，會伸展開來的藍星蕨，就放在打開房間門時，眼睛馬上會看到之處，藉此打造出高低落差。」

Name	hara.gram
Instagram ID	@hara_stagram
室內植栽經歷	3至4年
居處	自有公寓

file No 10

Q 在照料室內植栽時，要特別留心的地方是？

「首先是不要澆太多水。室內植栽多半是覺得乾巴巴時才澆水，平常就以噴霧保濕。我是喜歡植物但卻不太會照顧的人，因此以照顧上比較簡單的植物為主。」

Q 在擺設室內植栽時，有什麼特別的堅持呢？

「花盆或盆栽套，基本上選擇素面或大地色的，讓它們可以融入室內裝潢中。展示時要注意，每個視線角度都能看到植物。將較高的植物放在房間角落，平衡感就很好。」

DINING ROOM I

餐廳有開放感及偌大窗戶角落放上植物

將巨大的猴耳環放在房間角落，對角線上也放置一樣的植物，消除壓迫感，是hara.gram的獨門作法。為了讓植物容易移動，盆栽套附有輪子。在有大量日照射入的窗邊，就放置多肉植物。花盆的設計即使樸素，也會選擇近似材料來統整。

DINING ROOM Ⅲ

偶爾曬個日光浴，讓植物更有活力

在給予最少限度的水及進行日光浴時，都在有大量日照的餐廳之中。筒葉花月和十二之卷白蝶等會往上伸展的多肉植物，單一盆也能有美麗剪影，因此可以作為重點裝飾。使用有光澤的陶器，來襯托出多肉植物的濃豔綠色，更能讓人感受到植物有活力的成長。

「窗台部分我放了細葉榕和十二之卷白蝶，以明亮的花盆栽種，變成木質風格房間的重心。由於是陶器，和室內裝潢也很搭。」

「我家的室內裝潢主題是天然素材和色彩，因此植物也選擇不要太奇怪、感覺順眼的種類。我非常喜歡猴耳環。」

「矮生鵝掌柴俐落的葉片形狀，能讓人感受到和風氛圍，不過採用西洋風格的盆栽套之後，和木板簡直是天作之合，可以常換個風格來欣賞。」

LIVING ROOM

採用簡單植物與室內裝潢調和

只要給予矮生鵝掌柴充足水分和陽光，便有活力的成長，這正是適合不太會照顧室內植栽或初學者培育的植物。因為可以修成小小的，放在桌上或吧檯上展示。桌旁的猴耳環也可作為餐廳和客廳的區隔。

WALL SPACE

植物與雜貨非常調和
最喜愛的展示方式

牆面的架子是展示空間，擺放了動物形狀的裝飾品和畫框等，再裝飾流木和多肉植物盆栽、空氣鳳梨等植物。點綴般的插入綠色植物，馬上就變身為具有生命感的展示架。採用素面&大地色的花盆，和感受到木頭溫暖的木質架子同樣調性。

Close up!!

「十二之卷是多肉植物的一種，有著銳利葉片尖端，非常俐落，以黏土色且具厚重感的盆子來種植，看起來就像從土裡長出來一樣。」

Name	48
Instagram ID	@shiba48shiba
室內植栽經歷	3至4年
居處	獨棟房屋

file Nº 11

Q 最喜歡的植栽角落是哪邊？

「是臥房裡，床上方的植物角落。這是在我家日光最好之處，植物都長得非常有活力。而且最喜歡的雜貨也一起陳列在那空間當中，能夠享受欣賞展示的樂趣。」

Q 在擺設室內植栽的時候，有什麼特別的堅持呢？

「如果一直朝同一方向擺，就會朝著日光的方向長，所以每一至兩週就會旋轉盆子。而就算是適合放在室內的盆栽，也偶爾會將它們拿到陽台上曬太陽，或換一下擺放處，每天觀察它們的樣子。」

LAVATORY

能在更衣處&洗手台成為重心的植物

浴室旁的更衣處吊掛萬代蘭或翠玉藤。淋浴時可順便幫它們澆水，因為是藤蔓植物，水會直接瀝乾，很好照顧。洗手台旁放的松蘿，也可以在洗臉時順便澆水。不太需要陽光就能培育的植物，安排在有水之處也非常不錯。

LIVING ROOM

考量最適當陽光來安排位置

以喜愛的室內植物多肉植物帝錦開始，觀察植物的樣貌，考量其所需要的日光亮和環境，再來變更位置，反覆好幾次之後，才終於取得各自的完美位置。電視旁，坐在沙發上便能映入眼簾之處，如果放了植物，坐下來鬆口氣時，便能一看見它就緩和心情。

「帝錦不管放在哪裡，都像一幅畫般，這種多肉植物的特性是非常有個性的外形及帶白色的色調。」偏白的色調也可以成為室內裝潢的重心。

「橡膠樹在室內也能有活力的成長，真是幫了大忙。將它放在藤編的盆栽套中展示。土上也放著空氣鳳梨。」

「藤蔓植物黃金葛的一種——萊姆黃金葛，特徵就是淺黃萊姆色。活用音響高度讓它垂下來成為裝飾，可以欣賞它延展的樣子。」

「十二卷屬的植物只靠室內光線也能長得很好，葉片也大多非常美麗，非常有培育的價值。放在窗邊時，會看見透光的葉片，我非常喜歡。」

BEDROOM

在最愛的房間欣賞雜貨與植物

這是在家中日照最良好的房間，因此也變成擺放最多植物之處。除了鹿角蕨之外的植物，會配合季節移動到陽台上或拿進屋內，調整日光照射量，將它們培育長大。也會搭配植物放置各種雜貨，將寢室同時作為趣味房間來欣賞。

「玉露是我第一盆多肉植物，因此格外有感情。即使是像我這種初學者中的初學者，也很輕鬆就能照顧，將它培育長大。透明的美麗葉片，非常具幻想風格。」

「將妹妹送我的法官頭，放在復古風的水果盤上裝飾。可以將水果盤整個端到廚房去澆水，移動非常方便。深具存在感的大小非常棒！」

「可以一邊眺望外面的景色與椒草等植物們，一邊讀書的休息場所。同時展示了大小各異的仙人掌和雜貨。」

Column 1

熱衷於五彩繽紛的『多肉植物』

質感軟彈的多肉植物，色彩和顏色都變化多端，十分具格調的組合盆栽在IG上也非常受到矚目。

Name ／ **OKEIHAN**　　Instagram ID ／ **@okeihan34**

養在自家公寓陽台上的多肉植物們，對於組合多彩盆栽的花盆也有所堅持。
相對的，多肉植物本身會選擇比較簡單、價格上也比較平實的種類。

（右上）「這是直徑10cm左右的花圈，使用少女心、春萌、白牡丹、姬秋麗、虹玉等小幼苗。」（右下）「我將昭和復古風格的抽屜加工為花盆。非常期待養了之後能讓大大的Sedum burrito垂下來。」（左上）「陽台上多肉植物的架子有1號至4號。這是1號架，是我非常喜歡的組合架。」（左下）「這個花盆是水泥創作者的作品。我種了青鎖龍、秀妍、黛比姑娘、玄海岩蓮華等，讓粉紅色的花盆更有幻想風格氣氛。」

Name ／ **mayuno**　　Instagram ID ／ **@mayuno313**

將生鏽的設計款鐵罐搭配多肉植物，是mayuno的組合技巧。
為了維持多肉植物俐落的樣貌，經常讓它們曬太陽，比較少澆水。

（右上）「將插枝培育的迷你多肉，種在小尺寸的DIY鐵罐中。」（右下）「會向上生長的虹玉、漫畫湯姆、桃美人種在後方，作出高低落差。旁邊種綠之鈴賦予其動感，種成正面看起來很可愛的樣子。」（左上）「以外觀看起來像是牡丹一般的多肉植物——魅惑之月為主軸，後面是舞乙女在跳舞的樣子。」（左下）「將多肉植物和雜貨放在一起裝飾。生鏽的雜貨和多肉植物非常搭配，營造出我喜歡的空間。」

Indoor Green

Part

02

很容易融入生活空間而大受歡迎！

無印良品的
室內植栽

SHOP DATA

無印良品　有樂町店

有樂町店是無印良品分店中，世界最大面積的賣場，品項也最齊全，有許多室內植栽品項是在這裡才能買到的。
東京都千代田區丸之內3-8-　Infos有楽町1至3F　☎03-5208-8241
營業時間／10:00至21:00　不定期休息

無印良品的室內植栽，作為入門剛剛好！
本篇將推薦容易培育且照顧簡單的品項。
你一定能夠從豐富的種類當中，選擇自己喜歡的植物，
如果不知道該選什麼植物，可以參考看看下面的清單。

▶ 壁掛式

- ☑ 澆水次數較少
- ☑ 有柔和間接光線的房間
- ☑ 不知道該放哪裡的人

▶ 地上型

- ☑ 需要大量澆水
- ☑ 有柔和間接光線的房間
- ☑ 具存在感的大尺寸

▶ 桌上型

- ☑ 澆水次數基本上算多
- ☑ 間接光線&半日陰◎
- ☑ 移動容易的小至中等尺寸

▶ 空氣鳳梨

- ☑ 澆水趁傍晚至夜間◎
- ☑ 通風很重要
- ☑ 放在一旁就很時尚

▶ 多肉植物

- ☑ 澆水不用太多次也OK
- ☑ 有大量日照的房間
- ☑ 隨便亂放也沒問題

※P.61至P.66介紹的植物或商品，基本上是日本無印良品的常態性商品，但也會因進貨狀況不同而未在店面或線上商店販賣。P.67至P.73介紹的都是作者自己培養的植物。本單元也包含現在已無法購買的商品。

桌上型

無論何處都能輕鬆裝飾的輕巧魅力

由於體積不大，因此能夠裝飾在各種地方。花盆或容器較小，所以澆水的次數基本上要比較多次，但如果是放進非常受歡迎的「水缽」當中的植物，只要檢查缽中是否有水，少了就添加即可，非常方便。

根據植物種類不同也會相異，但基本上推薦日照是間接光線或半日陰。由於很多植物不需要水盤，不需擔心弄髒房間這點也非常方便，簡潔的花盆還能夠搭配各種房間。

受歡迎的桌上型植物

細葉榕

屬於垂榕（桑科常綠樹），是橡膠樹的同伴，也被稱為招來幸運的樹。如果長久培育，可以養成具一定大小。

Sugar Vine

特徵是宛如手掌形狀般展開的鮮嫩綠葉，及下垂伸展的藤蔓。如果長的夠長，放在高處讓它下垂也OK。

椒草

特徵是有著明亮綠色、多肉質的小小葉片。會像爬行般的橫向成長，夠長之後會因重量而下垂。

※全部都要避免直射日光，放在明亮場所或半日陰處，水缽的水一旦減少就澆水。

地上型

存在感強！決定房間印象的代表樹木

具一定大小及存在感，可以成為室內裝潢的主角。由於花盆比較大，土壤中可以蓄積水分，澆水的次數意外的少。一至兩週澆一次就可以，每天的照護也不會很辛苦。請放在日照程度約為太陽透過蕾絲窗簾灑下的明亮程度處。剛買來的狀況應該就很不錯了，推薦給想立即讓房間華麗些的你。

受歡迎的地上型植物

梣樹

木樨科的半常綠樹，特徵是有著細小且具清涼感的葉片、及柔和樹枝的氣氛。廣泛被運用在觀葉植物和庭院樹木，而為大眾所知。

愛心榕

屬於垂榕（桑科常綠樹），是橡膠樹的同伴。葉片柔和、給人溫和的印象。葉子會掉落，是會適應環境的植物。

龜背芋

屬於天南星科的常綠植物。特徵是葉片有著獨特的裂開樣貌，裂開的樣子會根據葉片成長而異，並不是每片葉子都會有。

※全部都要放在避免直射日光的明亮處，若土壤表面開始乾燥，就大量澆水，澆水程度至水會從盆底流出即可。

壁掛式

宛如繪畫般的時尚感，可作為室內裝潢的重點

如果不知道該將植物放在哪裡好，建議使用壁掛式。玄關或走廊等狹窄，只要使用附屬的釘子，就能將植物裝飾在牆壁上。可以同時放好幾個，若結合自己喜歡的藝術品或圖片也很不錯。植物是種在Pafcal海綿上，和土壤相比，衛生許多。照射柔和的間接光，如透過蕾絲窗簾；澆水可以水壺灌進外框的給水口中，直接拿到水龍頭下加水也OK！

受歡迎的壁掛式植物

可掛於牆面的觀葉植物 半透明C

植物為帶斑點的鵝掌柴、鐵角蕨、圓葉蔓綠絨、萊姆黃金葛。給水口在正面，因此上下左右每個方向都能拿來裝飾。

可掛於牆面的觀葉植物 16×16 D

植物為白金葛、球蘭、斑葉薜荔。外框上有可以確認水位的觀察窗，澆水非常方便。

適合你的「MUJI GREEN」是哪種？

多肉植物&空氣鳳梨

獨特的外觀非常可愛，真想放在一起裝飾

多肉植物是具有奇特外型、有趣品種名稱的植物。由於它的葉片和莖都能儲存水分，因此不用澆太多水也OK，且喜歡日光照射好之處。空氣鳳梨不需要土壤也沒問題，可隨手放在喜歡之處或吊掛起來，能達成許多其他植物無法作到的裝飾方式。常被認為不需要澆水，其實是錯的，它還是需要一週噴水三次左右（霧狀），及每個月一次，泡在水裡五小時左右的照護。

受歡迎的多肉植物&空氣鳳梨

空氣鳳梨×3

左：小精靈、中：女王頭、右：貝可利。葉片帶些白色感、非常受歡迎。同時放上好幾個，感覺很時尚。

空氣鳳梨　桃紅卡比他他

會由葉片吸收雨水及空氣中的水分來生長。特徵是帶有微微淡橘色的銀綠色葉片，開花時會更加偏紅。

多肉植物

多肉植物組合盆栽。是能放在餐桌或書桌上裝飾的大小，大概每個月澆水兩次。放在通風良好、可以曬到太陽的窗邊。

設計時尚，當作室內裝飾物件也很棒！

MUJI園藝商品

無印良品最受歡迎的照顧植物工具。
簡單又時尚，也很方便使用。

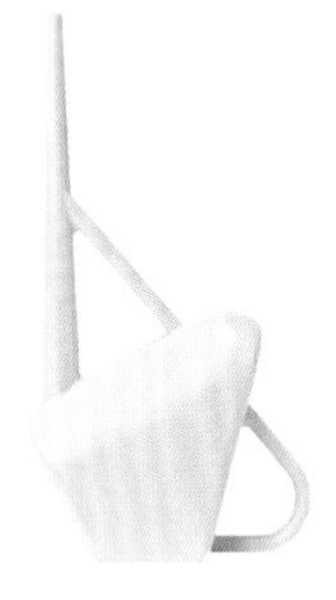

塑膠噴水瓶

用來噴水，清除葉片表面塵埃，能讓植物更加有活力。幫空氣鳳梨澆水時，噴霧罐也是必備品項。

塑膠注水瓶

若有較小的花盆或要幫仙人掌澆水，推薦使用此品項。不會不小心澆太多水，也能對準植物的根部作重點澆花。

可立式花灑

可以站立的花灑。即使是陽台等狹窄之處，也因為非常輕巧而好收納。也比較不容易有灰塵垃圾跑入，這點很不錯。

不銹鋼水壺

以不容易生鏽的不鏽鋼製成。出水口非常細，能夠輕鬆幫小的花盆澆花。光是放在一旁，看起來就很時尚。

鐵皮水桶

很意外地，這也能成為園藝用品且大為活躍。如果將植物置入其中進行澆水，就不用擔心會弄濕地板。也可以加水浸泡空氣鳳梨，或當成打掃工具。

IG玩家們的「MUJI GREEN」綠意生活

以下介紹將無印良品植栽品項裝飾得很有氛圍的IG玩家們。
請他們分享裝飾方法的堅持要點、喜歡的布置重點等。
有不可錯過的各種小技巧！

Name ／ **abe**　　Instagram ID ／ **@h.kuwabe**

「我收集了四個無印良品的壁掛式植物，用來裝飾。家中有小孩，因此植物能夠掛在牆壁上這點相當不錯。植物分別是鵝掌柴、鐵角蕨、黃金葛和椒草等。可以拿到流理台澆水，一邊清洗所有葉片一邊輕鬆澆水，管理上非常簡單，讓我很喜歡。因為是比較具有耐陰性的植物，就算放在離窗邊較遠之處，也能夠長得非常好。隨著它們的成長，葉片也越來越豐碩。」

Name ／ mujikko　　**Instagram ID ／ @mujikko_rie**

「無印良品的植物種類豐富，老是讓我非常迷惘，該購買哪一款呢？不管是和風或西洋風都能搭配，作為帶出室內裝潢的角色也非常ＯＫ。水缽款不需要水盤，能夠輕鬆在室內使用，實在非常優秀，圓圓的形狀也很可愛，設計又十分簡單，能夠融入在房間裡。而我喜歡的植物裝飾方法，是空氣鳳梨和木製盤子的搭配，不僅風格相襯、看起來也很時尚，是我非常推薦的布置方法。」

無印良品

使用無印良品不易晃動的掛勾和夾子，吊掛作成乾燥花的尤加利。後方是自己編織的裝飾品，兩個都是成為室內裝飾的重點。

無印良品的瀨戶燒系列多肉植物（膨珊瑚）。將它展示在無印良品可固定在牆面的架子上。瀨戶燒系列是像杯子般簡單的設計，裝飾起來非常簡單。

幾年前買的水缽。一開始拿來種植迷迭香，但後來枯掉了，目前被我拿來重新使用，感覺很開心。

想讓小小的空氣鳳梨變得顯眼些，所以放進了無印良品的牙刷架裡。尺寸剛剛好，容器也有透明的或霧面款，在日光下顯的閃閃發亮，非常美麗。

使用無印良品的鐵線網籃，就能一次幫許多植物一起澆水。

在無印良品的木製托盤上，放置空氣鳳梨的小精靈，可愛得像幅畫一樣。超音波芬香噴霧器的細緻霧氣，也正好能提供空氣鳳梨水分。

身為無印良品常態商品的白磁牙刷架，也非常能夠襯托女王頭。小巧的樣子非常可愛，實在讓人愛不釋手。

Name ／ **大木聖美**　　Instagram ID ／ **@wagamichilife**

客廳放了咖啡樹和梁王茶、細葉榕，我很喜歡將綠色植物當作室內裝潢的點綴。外觀上看起來生氣蓬勃，氣氛也變得更有活力。

將無印良品的露營用鋁製馬克杯，拿來栽種羅勒或香芹，作為廚房盆栽。能夠一邊作料理一邊使用，無農藥非常令人安心。消光銀色與植物也非常搭配。

愛心榕和噴霧罐。由於葉片很大，所以會以噴霧罐來噴水、將它洗滌乾淨。我非常喜歡噴霧罐那方正的形狀，和它很好按壓的噴嘴。

「至今已經養了十年的無印良品植物。細葉榕到了夏天，樹莖就會伸長，因此我大膽修剪，為了讓它不要太大，努力調整樹型。養了很多年的咖啡樹，這幾年開始會開花結果了。梁王茶我也換過好幾次盆、努力培育。無印良品的植物不太需要照顧，但卻非常強韌，很適合推薦給初學者。我也經常確認網路限定商品的品項。」

Name ／ **MITSUO** Instagram ID ／ @wmitsuo

「看著植物或觸摸植物，都能讓我感受到放鬆的效果。只要有照顧，就會看見它的成長，真的令人很開心。壁掛式植物因為外觀看起來比較樸素，所以除了鵝掌柴、鐵角蕨、圓葉蔓綠絨、黃金葛之外，又請開了植物店家的老婆幫我加上毬蘭，增加了分量。將來想要結合好幾個這種物件，綠化房間牆面……是這麼打算的。」

Name ／ **NABEMI** Instagram ID ／ @nabemi.sun

「我將毬蘭、黃金葛、榕樹的壁掛式植物，放進了自己作的羊毛氈盆栽套裡。上午就讓它們好好曬太陽，下午移到餐桌上。幾乎都沒將它們掛在牆上，而是平放著欣賞。就算放在桌上，也不用擔心像花瓶那樣被孩子弄倒，這點非常不錯。偶爾想換換花樣時，就讓它們立在無印良品可固定在牆面的架子上。容器非常穩定，所以我也很放心。」

Name ／ **mayu** Instagram ID ／ **@mayuru.home**

「我家有很大棵的愛心榕。由客廳一路延伸的木製地板上，也放了許多花和植物。到了夏天，每天都會大量澆水，這時候無印良品的可立式花灑就大為活躍，因為可以裝到4公升，能夠一次將客廳裡的植物都澆完。花灑本身可以站立，所以放在客廳也能融入室內裝潢當中，讓人非常讚賞。」

Name ／ **SAKAI**

Instagram ID ／ **@skmkt616**

「以無印良品的塑膠注水瓶來澆花，因為是不太搶眼的簡單設計，就隨手放在植物旁邊。壁掛式植物選擇種植文竹、椒草（glabella）、薜荔、腎蕨，加入自己堅持的裝飾方式，那就是留心牆面留白處與植物的比例，盡量讓它們可以融入空間，考量的是植物與空間的平衡。」

Name ／ **kao.**　　Instagram ID ／ **@kao_kurashi**

「種在無印良品水缽當中的椒草（Isabella），是非常適合推薦給初學者的植物。水缽因為是由底端供水，因此管理水量非常簡單，初學者也能輕鬆培育。我家是將它放在洗滌間裡，清爽的樣子令人印象深刻。因為空間比較狹窄，所以選擇比較小的尺寸。不管在什麼地方，只要喜歡的植物能映入眼簾，就能心情愉悅的作家事。小尺寸很容易移動，也可以更換花樣，會帶來兩、三倍的樂趣。」

Name ／ **KIHARA**

Instagram ID ／ **@cconoo**

「我很喜歡種了椒草（glabella）、鵝掌柴、椒草（puteolata）、圓葉蔓綠絨的壁掛式植物。和剛買來時相比，已經茂盛許多，呈現非常清新的感覺。基本上我是將它當作玄關的重點裝飾，但冬天曬不到太陽時，就移到客廳，和以白色為基本色調的室內裝潢非常相配。無印良品的溫濕度計，也是我管理植物不可欠缺的物件。」

Column 2

『inazaurusu 屋』的人造植物

inazaurusu屋的人造植物，令人宛如在欣賞雜貨一般。

裝飾方法無限多
堅持看起來宛如真品的人造植物

『inazaurusu屋』的人造植物，由於看起來很真實，且使用方便，因此在IG玩家中也非常受歡迎。關於人造植物的魅力，及巧妙擺飾的方式有哪些呢？

「人造植物不需要澆水，也不必考量日照或通風的問題，魅力就在於可以當成雜貨來輕鬆欣賞。不管何處都能垂吊，也可以剪成喜歡的形狀，裝飾方法無限多。只要留心『巧妙隱藏根部』和『拓展有鐵絲處、鬆開來調整形狀』，就能感覺更加真實地好好欣賞，也很推薦將它和真正的植物混搭在一起。」

inazaurusu 屋　　Instagram ID ／ inazaurusu_ya

專賣人造植物的線上商店，IG上也經常有展示品，追蹤者約為17932人（2019年3月資料）。會在日本全國舉辦活動，粉絲還在持續增加中。
www.kusakabegreen.com

9	8	7		3	2	1
12	11	10		6	5	4

1 存在感超群的鹿角蕨。第一款原創商品。 2 喇叭形葉片的毛茸茸植物，擁有粗糙的質感。 3 輕飄飄的空氣鳳梨，苔蘚部分也非常真實。 4 鐵線蕨。顆粒狀的葉片非常受歡迎。 5 毛茸茸，乾巴巴的樣子真令人喜愛。 6 水嫩搖擺的多肉植物。小巧的多肉搖擺的樣子非常可愛。 7 圓扇仙人掌。 8 腎蕨。有所堅持下找到的極品。 9 可扭曲長樹枝，讓它們站著或垂掛都很OK。 10 毛茸茸葉片，表面材質非常擬真。 11 蕨類混搭，展開來會非常有分量。 12 法官頭。因為宛如真品，大大推薦！

培育方法小訣竅&大受歡迎的植物

室內植栽 GUIDE

監修

the Farm UNIVERSAL CHIBA

以「所有人都能欣賞的植物樂園」為宗旨的庭院工房。在關鍵字為「吃、買、玩、學習、攝影」的店裡，真的是個樂園。千葉市稻毛區長沼原町731-17 Frespo稻毛 中央區 ☎043-497-187 營業時間／10：00至19：00（3月至11月）・至18：00（12月至2月） 不定期休假

室內植栽
GUIDE

室內植栽培育方式

培育方式
1

基本照顧方法

每天觀察，確認植物的狀態非常重要

你是否有過，「想要過著有室內植栽的生活，但卻對於是否能夠健康培養植物感到不安而放棄」的經驗？以下將介紹要培育屬於生物的植物，最重要的基本重點。

首先，請先確認房間的環境，配合植物來進行調整。日照良好且通風的環境是最適合的，但若家中只有陰影處或少許窗戶，那就選擇適合那個環境的植物，如此一來就不會失敗，也能成功培育植物。

接下來最重要的就是澆水。水並不是每天澆就好，基本上必須視情況調整。以錯誤的方法澆水，便是導致植物乾枯最主要的原因。話雖如此，也要避免放著不管。若過於乾燥，會造成植物的負擔，也會提高它枯萎的可能性。

為了將它養的健健康康的，必須定期給予肥料。植物生長期的春秋兩季，同時也是人類比較舒服的季節，正是給它們肥料的最佳時機。但若剛換盆，那麼最好避免施予肥料。

之後就是每天觀察植物，葉片是否過於乾燥？葉片有沒有烤乾的樣子？有沒有蟲子附著在上面？要記得檢查各種細微的樣貌。如此一來，就算發生問題，也能夠盡快處理。記得這些基本照料方式之後，就來享受有室內植栽陪伴的生活吧！

培育方式

2

配合放置場所來選擇

配合想放置的環境來選擇植物非常重要

剛開始要將室內植栽放入家中時，最重要的就是要放在房間的哪個位置？因為該處的日照、通風等環境，會影響植物的生長。首先確認該處之後，再開始選擇植物。

■ 室內日光照射良好

雖然是植物最喜歡的環境
但也可能造成植物曬傷

基本上是植物最喜歡的環境，適合讓植物快速生長。但在夏天的強烈陽光下，也可能會烤乾葉片，因此要非常留心。也有些植物很容易因此缺水，要多澆幾次。

適合植物／海葡萄・酒瓶蘭・塊根植物等

■ 較明亮室內（透過窗簾）

任何植物都很好培育
室內植栽最適合的環境

避免直射日光的明亮室內，或放在有窗簾的窗邊，是最多植物可適應的環境。基本上不管哪種植物都非常喜歡日光，建議初學者可以在有窗簾的窗邊，打造植栽空間。

適合植物／榕樹類・猴耳環等

室內陰影處

蕨類等具耐陰性的
植物最佳

原本就生長在森林中的陰影處、濕度較高地區、具耐陰性的植物，放在室內的陰影處也OK。但如果澆太多水會造成根部腐爛，因此要十分留心。葉片顏色也會變得比較不佳，必須定期曬曬太陽。

適合植物／蕨類・具有耐陰性的龜背芋・紅柄蔓綠絨・火鶴等

陽台

最愛日光的多肉植物
仙人掌、香草類最為推薦

原本就生活在沙漠地區或直射日光當中的植物，可以養成庭院樹木般巨大的植物，最適合養在陽台，可以享受宛如庭院般的樂趣。但是一整年的溫差會很大，因此必須要有防暑、防寒對策才行。

適合植物／迷迭香等香草類・橄欖木等庭院樹木款・多肉植物・仙人掌等

洗手間或玄關等幾乎完全沒有日光處

避免長時間放置
欣賞人造植物或乾燥花

對植物來說，陽光是絕對不可欠缺的，因此完全沒有日光之處實在很難健康的培養它們。如果一定要放在那種環境當中，那麼就在白天將它們移到明亮的場所幾小時，或選用人造植物。

適合植物／人造植物・乾燥花圈・乾燥花等

培育方式

3

順利選擇植物的方式

確認葉片的光澤和樹根伸展感，選擇有活力的植栽

觀葉植物大多原產於熱帶、亞熱帶地區，因此氣候逐漸轉暖的五月左右，是它們最有活力的季節。也是店面煥然一新，擺上大量有活力的觀葉植物的時期。建議在能夠獲得舒適日光、最適合成長的季節購買。

☑ 長出許多新芽

☑ 葉片生長緊密且大小一致

☑ 樹根確實伸展開來

☑ 葉片光澤佳、綠色有活力

培育方式

4

配合植物選擇花盆

配合植物的形狀選擇盆子

挑選花盆是欣賞室內植栽的醍醐味之一。花盆的設計要配合房間的味道，植物的形狀和花盆的組合也非常重要。為了要帶出植物原有的魅力，請務必參考！

有分量感的樹木就選迷你的花盆

如果是枝葉會往上下左右伸展的觀葉植物，適合搭配底部形狀俐落的花盆。會有菱形的外觀，襯托樹木的感覺。

會展開的葉片就以穩重的花盆協調平衡

會向上伸展枝葉的植物，建議搭配沉重有穩定感的花盆。打造出倒梯形的樣貌，能夠給人清爽的印象。

葉片長在較高位置的植物，就選能平衡的花盆

若是上方較多葉片、中間沒有枝葉的的觀葉植物，為了不讓它變得不穩定，建議選用的花盆尺寸，要能平衡它的葉片生長方式。

活用有個性的枝葉就選低重心的花盆

若是特徵為小片的葉子，加上有動感的樹枝這種形狀，如果搭配設計簡單、低重心的花盆，就能讓視線集中在枝葉上。

培育方式

5

讓植物看起來具有時尚感的裝飾技巧

製造高低差

讓植物有大小之分
規劃成階梯形

如果只是將植物放在地上，會給人單調的印象。因此使用箱子、平台或小椅子等，打造出高低落差來擺設植物。以植物的尺寸感，讓外觀有所變化，也能看起來更有品味。

吊掛在牆上

有格調的
吊掛顯得時尚

藤蔓植物或空氣鳳梨等，建議可以從天花板垂吊下來，或掛在牆上裝飾。最近不管是天然風格的物品、或生鐵風格的吊掛用商品都非常豐富，可以配合房間風格來選擇。

組合擺飾

組合或一起放在托盤上或籃子裡

將幾個小盆栽合種在一起，或將大小不同的植物一起放在托盤上，就會快速提高時尚氛圍。對於不太擅長平衡的人，可以先以盆栽搭配空氣鳳梨。

水耕栽培

近年來受歡迎的水耕栽培能有涼爽的氣氛

將水裝進瓶中、放上植物，只讓根部接觸水的水耕栽培，是這幾年非常受歡迎的擺設方式。大多是以仙人掌或球根植物為主，但因為是以光及水來培育，給人非常涼爽的印象。如果放在窗邊，會將光線閃亮地反射進房間裡。

培育方式

6

隨季節不同而變的注意事項

夏 Summer

缺水、陽光、濕氣……
植物不適應的暑熱
也要多加注意

討厭炎熱的植物種類非常多，因此要仔細照顧。要經常檢查是否缺水、會不會曬太多太陽造成葉片烤焦、濕度太高造成蒸氣等。澆水要趁涼爽的時間，通風要良好，但要避免日光直射等，留心營造植物能夠舒適存活的環境。

春 Spring

幾乎所有植物都會
動起來的季節
推薦此時換盆

逐漸轉暖的春天，同時是植物的生長期，也是新芽及樹根逐漸活動起來的時期。在冬季期間減量澆水，也要配合氣溫升高、及植物活動逐漸增加。為了要讓植物長大，這也是換盆及修剪、給予肥料的最佳季節。日照也還算溫和，就經常將植物拿到外面去吧！

冬 Winter

活動虛弱的時期
多留心寒冷與乾燥
不要澆水過度

幾乎所有植物都降低活動現象，也不太會吸水，因此要注意不能澆水過度。由於空氣比較乾燥，可以噴水在葉片上以增加濕度。觀葉植物多半原產於溫暖地帶，有許多都不太耐寒，因此要留心放在窗邊的植物有沒有受寒。盡可能移動到房間比較溫暖之處。

秋 Autumn

活動雖然
逐漸減少
但還是容易活動的時期

這個時期雖然還有很多植物仍在生長期中，但隨著天氣逐漸寒涼，活動也逐漸轉弱。由於夏季的暑熱會讓植物疲勞，因此這時也可以給予肥料或活力劑。同時，冬季型的多肉植物和塊根植物等也會開始活動。如果早晚開始變得比較涼，別忘了拉開澆水的間隔時間。

培育方式

7

順利澆水的方法

大型花盆觀葉植物

澆水的時候要大量給水，直到水從盆子下面流出來。流到水盤裡面的水要確實倒掉。澆水的次數春秋較多、冬季要少，維持在乾燥邊緣。

小型花盆觀葉植物

因為很容易缺水，所以要經常觀察土壤狀態來澆水。小花盆保水容量較小，所以一但土壤乾燥，就確實的給予大量水分。

藤蔓植物

使用基本的澆水方法，看到土壤乾燥就大量給水。葉片表面水分也非常具效果，如果太乾燥，就定期噴在表面上。夏天和冬天盡量少澆點水，才能防止根部腐爛。

蕨類植物

大多蕨類植物都非常喜歡水，所以土壤表面一乾燥，就要大量給水，到水會從底下流出來的程度。若水分不足，葉片馬上就會變成棕色，所以夏天每天澆水也OK。也很推薦以噴霧器在葉片正反面都噴上水。

空氣鳳梨

澆水最好是每週兩次以上。以噴霧器噴在空氣鳳梨整體，要確實淋濕它。之後放在通風良好處，使其完全乾燥。若是太過乾燥，也推薦讓它泡在水裡的浸泡法。

多肉植物

喜愛乾燥的多肉植物，很容易發生根部腐爛。澆水的次數要盡量少，在生長期的春秋時節，等到花盆裡的土壤完全乾燥，再給予大量的水，讓水從底部流出。購買時請確認一下澆水方式。

培育方式

8

換盆的方法

POINT

- ☑ **要讓它成長，春秋時要換成較大的盆子**
- ☑ **使用已經調配好的觀葉植物用土**
- ☑ **由塑膠盆取出的狀態直接種下**

準備工具

種植植物（鵝掌柴）・新花盆・盆底網・盆底石・觀葉植物用土・鏟子・免洗筷等細棒・如果有烤盤或報紙之類的會比較方便。

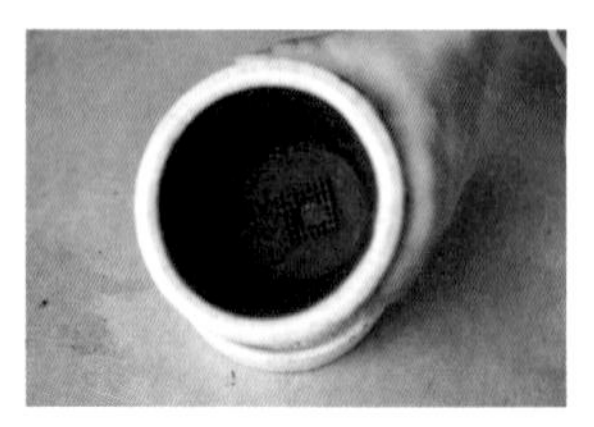

1 放進盆底網

將盆底網配合盆底的孔洞，剪成適當大小，放在新的花盆底部，遮蓋孔洞處。

2 放進適量盆底石

將市售的盆底石鋪在花盆底部，蓋過整個底面。若是花盆比較高，也可以增添一些石頭，提高底部位置。

3 放土

一邊想像放進要種的植物空間，一邊放進土壤，同時調整到看不見石子。

4 由塑膠盆中取出植物

若是泥土乾燥，敲兩下就能拔出來。若還濕答答的，就扭轉並輕壓一下盆子，會比較好取出。

5 將取出的植物放進花盆裡

由塑膠盆取出＆放進新花盆裡。確認高度和方向，讓它在花盆的邊緣向下1至2cm左右高度。

6 將土填入空隙處

為了讓植物直挺，可一邊單手壓著植物，一邊將土壤填進樹根和花盆的空隙之間。

7 **使用棍棒填補泥土和花盆的縫隙**

泥土填到某個程度之後，為了不要傷到根部，使用免洗筷或棍棒，將泥土向下推，直至沒有縫隙。

8 **敲敲花盆讓泥土掉到花盆裡面**

填完花盆縫隙之後，為了讓泥土結實，拿起花盆在桌上輕敲，讓泥土掉到花盆裡面。

9 **牢牢固定根部**

為了更加穩固，以手指在土壤表面按壓調整。如果土壤高度降低很多，就再追加土壤。

10 **大量給水**

最後，大量給水，直到水從底部流出。將流到水盆的水確實倒掉。

FINISH

剛買來的塑膠盆很容易累積熱氣及濕氣，要盡快換盆。換盆之後的一天後將它放在不會直射日光、通風良好處，使其習慣環境。

培育方式

9

多肉植物組合方法

POINT

- 放入土壤之前先想好要怎麼排列
- 選擇高度不同的植物，平衡感較佳
- 使用調配好的仙人掌及多肉植物用土

準備工具

種苗（喜歡的幾種）・新花盆・盆底石・仙人掌及多肉植物用土・鏟子・鑷子・烤盤或報紙等先準備好會比較方便。

1 放進盆底石

將市售的盆底石放進花盆約1/3高。若是使用馬口鐵罐，也可以避免土壤過熱。

2 填入土壤

將土填至高度離花盆邊緣約1cm處。使用已經將好幾種土調配而成的多肉植物用土。

3 排列種苗決定排列位置

種植之前先將種苗排在花盆旁邊，事先決定排列位置。將比較高的放在後方，製造出良好的平衡感。

4 將種苗由土中取出

將種苗由購買來的塑膠盆中取出，拍落泥土。拍下來的泥土不要再次使用，請另行處置。

5 適當修剪種苗根部

剪去種苗上的古老根部。為了空出可以種植的部分，同時去除下方快要掉落的葉片。

6 分株之後會比較好種植

綠之鈴等有分量的品種，可以分株。先將它分為幾份，之後可用來填補空隙。

7 準備好之後 重新排列確認

所有種苗都分好之後，重新排在花盆旁邊，確認種植位置的平衡感，加強印象。

8 種植 種苗

將要種植的位置挖個洞，配合剛才的印象，將種苗種進土裡。由高的一個個種起。

9 宛如要填補縫隙般 種入種苗

將分株的綠之鈴宛如填補縫隙般的，種幾棵下去。從後面繞過來也非常ok。

10 確認是否安定 追加土壤

為了使種苗安定，將土填進縫隙中。要填到幾乎到花盆邊緣後穩穩固定。

11 以鑷子 進行調整

以鑷子戳動土壤，讓土填進根部周圍及苗株枝間。讓土壤盡量向內堆積，使其穩定。

12 澆水 使其穩定

最後大量澆水，直到水溢出到花盆。盡量不要淋到植物上頭，要從旁邊加水。

FINISH

後方較高，中央則排列設計相似的，前方是有動感的植物。完成的樣子十分可愛，又有良好平衡感。

培育方式

10

照顧植物 Q & A

Q 沒有活力的時候應該作些什麼呢？

A 仔細檢查植物和土壤找出變化

首先，確認是否有哪裡不同了。確認有沒有蟲子、葉片和枝幹的狀態。土壤是否過於乾燥，或過於潮濕，也都非常重要。換個地方放置，再觀察一下生長狀態。留下有活力的枝葉，其他都剪掉也是個方法。

Q 不想讓它長更大，想要維持大小該怎麼作？

A 經常修剪或在換盆時剪去根部

由於要配合房間平衡感，不希望植物變大、或無法讓它變大時，建議將樹枝在固定的地方剪斷，或在換盆時剪去根部。換盆時不要換成比較大的盆子也是非常重要的。

Q 如何辨別盆栽換盆的時機？

A 如果過了兩年以上就盡快換盆

植物大多是過了兩年左右，花盆當中就會塞滿根，這些根會從花盆底部跑出來，或往上爬出泥土外。如果給水卻無法滲透，葉片顏色惡化等，也是需要換盆的徵兆。

Q 植物馬上就枯掉了，非常困擾……

A 請確認放置處及澆水頻率找出原因

會乾掉的原因，多半是澆水過度或忘記澆水等，請先回想澆水的頻率。也務必再次確認光線狀態、放置的環境是否適合該植物。

Q 經常外出或出差很擔心植物的澆水問題

A 選擇稍大的盆子維持保水較好的狀態

選擇植物時，如果選擇比較耐乾燥的植物或土壤量多的較大盆植物，就能減少澆水頻率。但若選擇較大盆栽時，要留心為了不讓根部腐爛，得等到土壤乾燥了才澆水。

Q 第一次購買植物的選擇訣竅是什麼呢？

A 選擇以葉片為主的植物或有樹枝的植物比較好養

推薦給室內植栽初學者的，是像絲葦那樣整體都是葉子的植物，或是小卻有著如樹木般樹幹的馬拉巴栗，及非常耐乾燥的多肉植物。因為這也和生活作息相關，請和店家討論看看。

Q 要給它們施予肥料比較好嗎？

A 春秋兩季生長期給予肥料最佳

若要給予肥料，關鍵就在給的時期。如果是在植物也容易生存、且為生長期的春秋兩季，那麼就能夠幫助它成長。夏季和冬季，對植物來說是比較嚴苛的氣候，可能會敗給肥料，因此要避免。

大受歡迎的室內植栽

CATALOG _ 01

觀葉植物

由最基礎的葉片型室內植物當中，選擇了最受歡迎的種類，
依照最適合培育它們的位置分別進行介紹。

推薦具
耐陰性的植物 ／ **陰影中也 OK**

如果是具有耐陰性的植物，那就放在室內照不到太陽處培育。
若葉片顏色惡化或開始掉落，就移動到明亮之處。

◂ 龜背芋

龜背芋分布於美洲熱帶地區，約有20至30種左右。它是會伸展藤蔓的植物，特徵是成長時，葉片會出現由邊緣往葉脈切進去的樣子，會開出洞來或形成獨特的形狀。

天南星科龜背芋屬
原產地：熱帶美洲

◀ 琴葉榕

特徵是葉片具有光澤，且皺巴巴具存在感。耐陰性、耐寒性非常強，因此非常適合室內植栽初學者。葉片也不會太大，適合想將它養得小小的你。

桑科榕屬
原產地：熱帶非洲

▶ 梁王茶

魅力在於小小卻茂密的葉片非常可愛。梁王茶的同伴種類繁多，有葉片是圓形的或有裂開痕跡等，世界上有超過100種，日文別名為台灣紅葉。

五加科梁王茶屬
原產地：亞洲・非洲・澳洲・太平洋各島熱帶

◀ 美人蕨

樹幹頂上有著柔軟又美麗的綠葉，呈放射散開，宛如從恐龍時代就存在的神祕氣氛。是木生蕨類的同伴，特徵是樹幹宛如椰子樹般直立。要避免強光、放在室內陰影處。

烏毛蕨科烏毛蕨屬
原產地：新喀里多尼亞

在能沐浴
大量太陽光線的窗邊 ／ **喜歡陽光**

植物基本上都喜歡陽光，所以放在窗邊等會照到太陽處培育，或為了讓它曬太陽而定期移動是最好的。以下是特別喜歡太陽照耀的植物們。

◀ 風鈴木

這是在日本比較少流通的稀有樹種，又稱作伊蓓樹。有著和榕樹相似的小巧葉片、及可愛的樹形，正是它的魅力所在。熱帶地區會將它作為行道樹種植，是最喜歡太陽的植物。

紫葳科風鈴木屬
原產地：巴西

▶ 昆士蘭瓶幹樹

昆士蘭瓶幹樹的魅力就在於非常粗的根部，看起來就像是個瓶子一般，因而得名。和樹幹相反，細長而纖細的美麗葉片也是其魅力之一。在原產地可以長到將近20m大。

梧桐科瓶幹樹屬
原產地：澳洲

◀ 細葉榕

生長在東南亞到日本南部一帶，是能長到20m以上高度的大樹。有一定厚度且具光澤的小小葉片是漂亮的深綠色。喜歡日光也非常耐乾燥，很推薦給剛開始玩室內植栽的人。

桑科榕屬
原產地：東南亞至日本南部

▶ 虎尾蘭（erythraea）

俐落向上伸展的細長堅硬葉片非常具格調，這是據說有清淨空氣作用的常綠多肉植物。喜愛強烈日照及高溫，非常耐乾燥，也很容易培養。

龍舌蘭科虎尾蘭屬
原產地：非洲乾燥地帶

◀ 酒瓶蘭

由樹幹上端垂下細細長長的葉子，由於其獨特的外型而非常受歡迎。宛如日本酒瓶般膨起的樹幹底能夠儲存水分，因此能夠忍耐長時間乾燥。

天門冬科酒瓶蘭屬
原產地：墨西哥

避免直射
只需柔和光線 ／

透過窗簾最佳！

能養在室內的觀葉植物，只要有透過窗簾的光線就能養得很好。
之後只要根據季節調整照到光線的程度，就會生長優異。

◂ 愛心榕

印度榕的同伴，有著愛心形狀、柔嫩的大片葉子，是非常受歡迎的常綠樹。即使冬天葉片掉落之後，到了春天就會長出新葉、綠意盎然。喜愛日照及高溫高濕，算是比較容易培育的室內植栽。

桑科榕屬
原產地：熱帶非洲低窪地

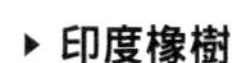

▸ 印度橡樹

由印度榕衍生出來的品種，葉片帶紅黑色、具有流線感。其特徵為紅色新芽及黑色葉片的美麗和諧感，在日光下，葉片會更加艷麗。因為非常強悍，也很適合初學者。

桑科榕屬
原產地：印度

◀ 印度榕

具光澤的葉片帶紅黑色，特徵就是成熟感。比起一般橡膠樹，葉片比較小，因此可以培育在小巧的房間中。如果在室內，就盡量放在明亮處，便能維持美麗的葉片顏色。

桑科榕屬
原產地：印度・緬甸

▶ 高山榕

是橡膠樹的同伴，特徵是葉脈及葉片邊緣有著明亮的黃色斑點妝點。其明亮的綠色與黃色色調令人印象深刻。藉由放在室內明亮處管理，便能維持其葉片美麗的斑紋。

桑科榕屬
原產地：印度至東南亞

◀ 孟加拉榕

孟加拉榕的特徵在於，葉片為橢圓形，帶有可愛的圓弧。葉片上有著清晰的葉脈；隨其成長會逐漸發白的樹幹。其時尚的外形很容易融入各種房間，無論哪種室內裝潢都非常搭調。

桑科榕屬
原產地：印度・斯里蘭卡・東南亞

◂ 馬拉巴栗

長著鮮豔綠色的5至7片葉子，宛如手指一般伸開的形狀。大多是深綠色的葉片，但近來有葉子上有黃色斑點的品種，也十分受歡迎。非常耐乾燥又很強悍，算是比較好培育的植物。

木棉科木棉屬
原產地：熱帶美洲（墨西哥・圭亞那・哥斯大黎加等）

▸ 猴耳環

原生於中南美或東南亞的常綠樹。小小的葉片相連，形成宛如飛鳥翅膀般巨大的葉片，非常美麗。和含羞草一樣，葉片到了晚上會閉合，因此能夠欣賞白天與夜晚不同的樣貌，非常獨特。

豆科猴耳環屬
原產地：中南美・東南亞

◂ 鵝掌柴（angustifolia）

此樹木原文名稱意為「長槍形的葉片」，特徵就在於具有光澤的細長形葉片。此品種在鵝掌柴中較不耐寒，因此在室內過冬較佳。且其具有耐陰性、也不太怕病害蟲，非常適合用來送禮。

五加科鵝掌藤屬
原產地：中國・台灣

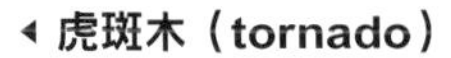

◀ 虎斑木（tornado）

葉片會以成長點為中心，一邊捲起來成為漩渦狀的獨特植物。葉子會一片片捲起來，如果想找比較特別的植物，就是這款了。很好培育也是它的魅力之一。

龍舌蘭科虎斑木屬
原產地：熱帶非洲

▶ 鵝掌柴（pueckleri）

此品種葉片稍有厚度，為有光澤的深綠色，宛如打開手掌般，不管放在室內哪裡，它的樣貌都不太會改變，正好適合初學者。特徵是具個性的彎曲樹幹，有著美麗線條。

五加科鵝掌藤屬
原產地：阿薩姆至馬來半島・
東南亞熱帶雨林氣候區

◀ 鹿角蕨

這幾年非常受歡迎的鹿角蕨，是會緊抓樹木或石子生長的附生植物。日文名稱為蝙蝠蘭，由於大片的葉子宛如蝙蝠張開翅膀的樣子，非常有魄力。一般讓它附生在木板上就能掛在牆上，或再埋入土中培育。

水龍骨科鹿角蕨屬
原產地：東南亞・澳洲北部・新喀里多尼亞

若是喜愛良好日照的植物
室外也 OK

陽台．庭院

耐暑熱也能耐寒的植物種類，也可以放在陽台或庭院裡栽培。
這時候建議選擇原生種非常耐太陽光，或原產於乾燥地區的品種。

◀ 多花桉

多花桉最近常作為單枝或乾燥花圈販賣，非常受歡迎。其特徵是具有弧度的心形葉片。其葉片柔軟、在風中搖曳的姿態也非常受人喜愛。是生長非常旺盛的常綠高木。

桃金孃科桉屬
原產地：澳洲

▶ 輪葉迷迭香

由於它的花朵及葉片都與迷迭香十分相似，又叫作澳洲迷迭香。由於討厭濕氣，因此不要澆太多水，盡量以乾燥環境來培育。

唇形科輪葉迷迭香屬
原產地：澳洲

◂ 朱蕉

朱蕉的魅力在於新葉有著紅色及黃色，葉片顏色五彩繽紛。由於具耐寒性，因此適合放在陽台或庭院裡種植。也有品種是葉片上有直線或橫線的花紋，能夠展現出異國風情。

天門冬科朱蕉屬
原產地：中國南部・澳洲北部

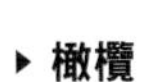

▸ 橄欖

宛如帶有銀色光芒的葉片顏色被稱為「橄欖綠」。與天然風格的室內裝潢非常搭調，簡單的線條也很受歡迎。橄欖的果實也可以用在醋漬料理或沙拉當中。

木犀科木犀欖屬
原產地：地中海東岸・北非

CATALOG _ 02

藤蔓植物

最常見的常春藤、非常有型的絲葦……藤蔓植物非常受歡迎。
可以放在高處，或吊掛在天花板上，搭配性很豐富，也很推薦作為室內點綴。

◀ 斷葉毬蘭

其特徵是宛如煙火一般，放射狀散開來的細小葉片下垂的樣貌。夏天會綻放星形的小小花朵。是非常耐乾燥的植物，因此只要注意澆水頻率和氣溫，即使是初學者也能輕鬆培育。

蘿藦亞科毬蘭屬
原產地：東南亞

▶ 絲葦

有著圓形細長莖、不斷分枝延長，成長可以達到數公尺長。有著柔和的氣氛，雖然看起來不太像多肉植物，但其實是青柳仙人掌的同伴，也非常耐乾燥。

仙人掌科絲葦屬
原產地：巴西

◀ 串錢藤錦

葉片兩兩左右相對，具有攀爬在岩石或樹幹而上性質的多年生草本植物。具厚度的小小葉片十分可愛，伸出花莖後前端會開出小小的筒狀花朵。如果量夠多，垂下來的樣子十分具震撼感。

蘿藦亞科翠玉藤屬
原產地：東南亞・澳洲

▶ 芒毛苣苔（sunrise）

捲捲成圓圈狀的葉片非常有個性。與其他植物相比，算是較具耐陰暗性的，即使是日照不太好之處也能成功培育。成長之後，莖葉前端會開出紅色的花朵。建議以較為乾燥的方式培育。

苦苣苔科芒毛苣苔屬
原產地：熱帶亞洲

◀ 常春藤

一整年都有著綠葉，非常耐暑熱及寒冷、不易枯萎，成長之後會宛如在地上爬行一般延伸其藤蔓，日文又名Hedera。盆栽盡可能放在室外培育。

五加科常春藤屬
原產地：北非・歐洲・亞洲

▶ Sugar Vine

Sugar Vine有著宛如張開手掌般、深綠色的小巧可愛葉片。非常耐乾燥，將其伸展出來的枝葉插在水裡，也能長出根，生命力非常強。最好培育在明亮的非日光直曬處。

葡萄科地錦屬
原產地：荷蘭

◀ 椒草（angulata）

宛如橫向爬走延展的藤莖，其特徵在於有三條縱線的葉脈。新葉非常柔軟，有著淡且溫和的綠色，會逐漸變化為深綠色。成長之後的葉片會變為像是略硬的塑膠感。

胡椒科椒草屬
原產地：熱帶美洲

▶ 毬蘭（Golden Margin）

稍厚且寬的葉片上有著白色網狀花紋。如果吊掛起來，藤蔓能夠延伸的非常漂亮，非常適合作為室內裝飾用途。雖然在半陰影下也可培育，不過如果使其照射日光，也會開花。

蘿藦亞科球蘭屬
原產地：印度・中國・澳洲

◀ 紅柄蔓綠絨（oxycardium）

帶光澤的新形葉片前後相連的藤蔓植物。葉片稍有厚度、藤莖呈圓形且會伸出氣根。黃綠色與黃色花紋的對比非常鮮明。具有耐陰性、成長也很快。

天南星科蔓綠絨屬
原產地：墨西哥東部・西印度群島

CATALOG _ 03

蕨類植物

由上古時代起，就未曾改變過樣貌的蕨類植物。
其特徵是具有異國及熱帶風情的葉片及枝幹，較適合濕度偏高的環境。

◂ 蓮座蕨

由於是生長在溫暖地區樹林內的植物，比較適合稍有陰影的潮濕場所。高度比較不會延伸，但相反地，只要長出新芽，就會成為很寬廣的大葉片，因此請為它保留橫向較為寬敞的空間。

蓮座蕨科蓮座蕨屬
原產地：日本南部・台灣

▸ 筆筒樹

自行生長於屋久島以南地區的大型木生蕨類，高度有甚至超過10m的。筆筒樹誕生於一億年前，是被稱為活化石的貴重植物。其熱帶風情姿態讓人聯想到熱帶，因此非常受歡迎。

桫欏科桫欏屬
原產地：庵美大島以南的西南方諸島・台灣・東南亞

◀ 金狗毛蕨

根莖既粗且短、被棕色絨毛覆蓋的大型蕨類植物。成長之後可達近2m的葉片，在還是新芽時，是捲縮成宛如齒輪的樣子。喜歡高濕度，若樹莖乾燥，則葉片也會枯萎，要多加注意。

蚌殼蕨科金毛狗屬
原產地：中國南部・台灣・印度・東南亞・日本（琉球群島）

▶ 腎蕨（green fantasy）

其姿態為捲縮起來的皺巴巴葉片長長伸出，隨其成長，會變化為宛如羽翼般有著優雅的流動線條。由於其枝葉有稍微下垂的性質，因此可以放在高處，或吊掛起來作裝飾。

腎蕨科腎蕨屬
原產地：中美洲等熱帶・亞熱帶地區

◀ 藍星蕨

葉柄十分長且極具特色的銀綠色葉片，有著很深的凹痕。根莖覆蓋著黃色的鱗片（絨毛）。雖然是附生在樹木上的蕨類植物，但具有較耐乾燥且強壯的性質。

水龍骨科金水龍骨屬
原產地：熱帶美洲

▶ 鳳尾蕨（tricolor）

葉片為寬三角形，在成長時帶有光澤的鮮豔紅至紅紫色，逐漸會開始帶些黃色，轉變為銅色，最後則轉為深綠色。由於會有不同顏色的葉片混在一起，因此品種名稱為「三色（tricolor）」。

鳳尾蕨科鳳尾蕨屬
原產地：世界各地熱帶至亞熱帶

CATALOG _ 04

塊根植物

塊根植物在日本又被稱為CODEX，是所有具備木質化粗壯根部或樹幹的植物總稱。膨膨圓圓的樹幹可以儲存水分，是外觀看上去也很可愛的植物。

◀ 沙漠玫瑰

樹幹及樹根呈渾圓狀，會長成如昆士蘭瓶幹樹的形狀。自春天成長到秋天，依其種類不同，會開出紅色、黃色、白色、紫色等各式各樣的花朵。若是較為大株，開花之後甚至可以採集種子。

夾竹桃科天寶花屬
原產地：西南非・南非・索科特拉島・阿拉伯半島

▶ 惠比壽神之笑（Pachypodium brevicaule）

相較於其學名，在日本，有個比較和藹可親且受人歡迎的稱呼：「惠比壽神之笑」。粗糙不平的塊莖上插著小巧的葉片，可愛的樣子非常有魅力。基本上要整年都放在經常能接收直射日光之處。

夾竹桃科棒錘樹屬
原產地：馬達加斯加

◀ 棒錘樹（bispinosum）

其特徵是宛如瓶子一般大大膨起的樹幹、與淺棕色的表皮。塊根的頂點會長出細長的樹枝，有著小小的葉片。另外，成長期會開出美麗的粉紅色花朵。在棒錘樹中也算較為強悍的品種。

夾竹桃科棒錘樹屬
原產地：南非

CATALOG _ 05

多肉植物

多肉植物由於有著膨潤可愛的外形，而大受歡迎。仙人掌也是其中一員。包含原種及混種，據說合計多達兩萬種。基本上，最好養在室外。

◀ 帝錦

日文及英文名稱為「白幽靈」，正顯現其帶著白色的美麗又神祕的姿態。由於喜歡稍稍乾燥的環境，因此當作日照良好之處的擺飾也非常輕鬆。莖部有尖銳利刺，要多加小心。

大戟科大戟屬
原產地：印度

▶ 弦月

植物如其名，帶厚度的葉片宛如弦月之形，成長之後會如項鍊一般長長垂下。不耐濕氣、若土壤持續潮濕，則其莖、藤蔓和果實都很容易腐爛，因此要放在通風的場所。

菊科黃菀屬
原產地：南非

◂ 龍舌蘭（吉祥冠）

灰綠色劍狀、伸長的葉片十分美麗，是很珍貴的品種。葉片前端有尖刺，及宛如框上邊框一般的淺綠色花紋。具有耐寒、耐暑、耐陰性，不需要太花功夫，容易培育。

龍舌蘭科龍舌蘭屬
原產地：南美洲・中美洲

▸ 圓扇仙人掌

狀如圓扇而得此名，是很常見的仙人掌。其莖為綠色平板狀，通常是圓扇或圓筒形，表面上有尖刺。若給予太多水分就會枯萎，因此重點是使其稍為乾燥些來培育。

仙人掌科仙人掌屬
原產地：南北美洲

◂ 綠之鈴

細長的莖上，有著圓滾滾宛如鈴鐺般的可愛葉片，很受歡迎。非常耐乾燥，因此給予太多水分時，可能會造成根部腐爛，要多加小心。可以插枝或水耕來增生。

菊科黃菀屬
原產地：納米比亞南部

▲ **露娜蓮**

淡紫色的葉片宛如盛開的花朵。花莖伸出之後會開出小小的鈴蘭狀花朵。秋季時期粉紅色會加深。澆水大概半個月至一個月一次，泥土表面有潮濕即OK。

景天科擬石蓮花屬
原產地：中美

▲ **古紫**

特徵為深紫黑色的葉片，喜愛有直射陽光、通風良好之處。如果常曬太陽，葉片顏色也會變深。會伸出長15cm左右的花莖，開出深紅色的花。

景天科擬石蓮花屬
原產地：中美

▲ **黑王子**

稍帶厚度的葉片，通常是深綠黑色，秋季會轉變為鮮豔的紅黑色。非常喜愛日光，因此若日曬狀況不好，葉片顏色就會黯淡。不耐高溫，最好只曬半天。

景天科擬石蓮花屬
原產地：中美

▲ **白牡丹**

相當有厚度的葉片為具透明感的奶油綠色，也有些會有帶些微粉紅色。春、夏、秋季在室外也能健壯成長，冬季會休眠，因此請斷水。對於濕熱較弱，必須留心為其通風。

景天科 風車草×擬石蓮花屬
原產地：中南美至美洲西北部

▲ 黃金圓葉景天

有著明亮黃色的葉片非常顯眼，屬於圓葉景天的黃金葉片品種。初夏會開出有著星星形狀的黃色花朵。會如同爬行般橫向拓展，因此也非常適合作為地面覆蓋用。

景天科景天屬
原產地：日本

▲ 粉雪

其特徵為圓潤具彈性樣子的可愛葉片，非常適合用來作為組合多肉時的亮點。如果天氣變冷，就會像是沾上雪花般變白。具有耐寒性，但是必須曬太陽。

景天科景天屬
原產地：不明

▲ 小酒窩

主要分布在乾燥地區或高山上，大多數是好幾年不會枯萎，而能持續成長的多年生草。有著極具厚度且非常可愛的小巧葉片。若以盆栽種植，會一邊下垂成長、尖端則會翹起。寒冷的時候會轉紅。

景天科青鎖龍屬
原產地：非洲南部至東部

▲ 火祭之光（火祭錦）

稍帶厚度的葉片，原先是鮮豔的紅色，但經常曬太陽，遇到某種程度的寒冷時，就會轉變為大紅色。耐寒性、耐暑性都非常高，可以在室外培育。也很容易開花，是適合初學者的植栽。

景天科青鎖龍屬
原產地：非洲南部至東部

▲ 子貓之爪

莖部前端有著紅色突起的細長葉片，有著宛如小貓咪的爪子一般的形狀而有此明。有些許纖毛、膨起來的形狀十分可愛。仲夏及冬天時要少澆點水。

景天科波錦屬
原產地：南非

▲ 戀心

色調偏深而厚重的戀心，非常耐暑熱，特徵是可以整年輕鬆培育，重點是夏季時要留意斷水。香蕉型的葉片在秋季會整體染上葡萄酒般的紅色。

景天科青鎖龍屬
原產地：全世界

▲ 圓刀

具膨脹感且大片、宛如貝殼般平行生長的雙葉，會垂直交互而生。要留心夏季暑熱及悶濕。若光量不足，葉子會癱軟張開。

景天科青鎖龍屬
原產地：非洲西南部

▲ 克雷克大

葉片尖端為半透明，表面有著中間彎折或Y字型等複雜形狀的圖案。生長在乾燥山丘的矮木或岩石裂縫間等，不容易照射到太陽之處，因此要注意不要曬到強光。

蘆薈科十二卷屬
原產地：非洲南部

▲ 長生草（moon drops）

非常耐寒，在室外也能夠過冬，長生草屬原產於歐洲山岳地帶。若吹到寒風，會紅得宛如楓葉，但若回暖就會變回原來的顏色。請放置於半天日照及半天陰影處。

景天科長生草屬
原產地：歐洲中南部

▲ 帝玉

有著宛如岩石般的外型、高度進化的多肉葉片有一對至四對。健康的葉片會稍帶紅色及灰色、且具有透明感的棕色斑點。葉片會裂開長出新葉片，樣子十分獨特。

番杏科帝玉屬
原產地：南非

▲ 九頭龍

原文名字中的inermis是指沒有尖刺，而其形狀正是沒有尖刺的樹莖，由一處往四面八方伸展。表面上有凹凸不平的花紋，是有些硬梆梆的質感。非常強壯，伸出的枝葉狀如碗公。

大戟科大戟屬
原產地：南非

▲ 新月

宛如豌豆般細長的綠色葉片上，包覆著膨膨的白色薄膜。要留下夏季暑熱、悶濕及過度潮濕問題，放在通風良好的場所。若碰觸它，很容易造成顏色脫落，要小心。

菊科黃菀屬
原產地：墨西哥・非洲・印度

CATALOG _ 06

空氣鳳梨

由於是吸收空氣中的水分來成長，不需要土壤和肥料，因此其培育可說是相當簡單。種類非常豐富，生長速度也不盡相同，可以嘗試各品種來找到自己喜歡的。

A. 松蘿

其葉莖會向下伸展，具有獨特外型而大受歡迎的品種。在空氣鳳梨當中，松蘿鳳梨算是成長的比較快的種類。比較不耐乾燥，因此注意不要讓它對著冷氣的出風口、並且多噴幾次水。

鳳梨科空氣鳳梨屬
原產地：美洲中西部至南美

B. 彗星

較為大型、葉片長可超過25cm，是能夠長的十分結實的銀葉品種。具厚度的粗葉片伸長下垂的姿態宛如大王章魚。由於它非常強悍，推薦可以作為大型品種的入門款。

鳳梨科空氣鳳梨屬
原產地：美洲中西部至南美

C. 波莉亞娜

明亮的銀色葉片柔軟且帶些厚度，非常結實。其漂亮的葉片隨成長而伸展，美麗的外型非常具魅力。若光線太強，銀色也會變得較濃而變得有些晦暗，因此日照要稍微抓一下時間。

鳳梨科空氣鳳梨屬
原產地：美洲中西部至南美

D. 法官頭

銀色葉片會長成球形的銀葉品種，是非常受歡迎的種類。成長速度雖然緩慢，但最大可以長到直徑40cm。其寬闊而長的葉片非常具有存在感。既強悍、培育方法也很簡單，非常適合推薦給初學者。

鳳梨科空氣鳳梨屬
原產地：美洲中西部至南美

A. 女王頭

日文名稱是梅杜莎，而其外形特徵，正如希臘神話中的梅杜莎頭髮般蜷曲。植株底部有著膨脹的壺形，及其彎捲的葉片令人印象深刻。在空氣鳳梨當中算是比較好培育的，也很容易分株。

鳳梨科空氣鳳梨屬
原產地：美洲中西部至南美

B. 小狐尾

銀葉品種，具有輕飄飄又細軟的葉片，給人溫和的印象、很受歡迎。成長之後細葉會展開來，其莖會朝天空方向延伸，因此推薦吊掛起來。伸長的莖先端會開出大紅色的美麗花朵。

鳳梨科空氣鳳梨屬
原產地：美洲中西部至南美

C. 小精靈

非常容易取得，初學者也能輕鬆培養的小型空氣鳳梨代表性品種。根據產地不同，有各種形狀及顏色，種類也十分豐富，因此試著收集多種也非常有趣。小精靈的特徵之一是花朵非常美麗。

鳳梨科空氣鳳梨屬
原產地：美洲中西部至南美

D. 雞毛撢子

有著長長細毛覆蓋的纖細葉片非常美麗，成長之後會成為直徑50cm、高70cm左右，樣子非常動感的品種。由於用來攝取水分的絨毛較多，因此算是比較容易培育的品種，但若水分過多，絨毛會退化，要多留心。

鳳梨科空氣鳳梨屬
原產地：美洲中西部至南美

E. 迷你樹猴

表面有白色鱗片（絨毛）用來吸收霧中水分及養份的銀葉品種，描繪出宛如章魚般的奇特線條獨具魅力。會開出有香氣的紫色花朵。請放置在明亮且通風良好之處。

鳳梨科空氣鳳梨屬
原產地：美洲中西部至南美

F. 紫羅蘭

強壯且容易培育，也很容易開花的銀葉品種。由於成長速度快，因此很容易長出子株，只要分株就能夠簡單增加數量。稍具厚度的銀色葉片，如果放在生態景觀盆中也會非常時尚。

鳳梨科空氣鳳梨屬
原產地：美洲中西部至南美

Column 3

愛好苔蘚的奇幻風『苔蘚燈』Mosslight-LED

在IG上蔚為話題！現場直擊苔蘚植物與LED照明融和的『Mosslight-LED』。

Name ／ **Mosslight-LED**　　ID ／ **@mosslight1955**

IG上的追蹤者超過六萬人以上（2019年3月份），Mosslight-LED的『Mosslight-LED』受到世界矚目。無論房間是何種風格、場所，裝飾方式都不受限制，是用途十分廣泛的生態景觀盆。

可以當成檯燈一般的照明工具來欣賞

「將Mosslight-LED放在活動上展示，迴響非常好，所以我開始學習苔蘚植物的知識。一邊調查群生地的明亮度、濕度、生長場所，一邊從錯誤中學習，在Mosslight-LED當中重現那個環境，最後才能以最美麗的光線來觀賞苔蘚。我也非常堅持要能調整亮度，使其作為檯燈來欣賞。」

『Mosslight-LED』是以自行製作的附LED燈生態景觀盆，當中培育了苔蘚植物及盆栽。每天約開燈八小時，每週噴一至兩次水即可。

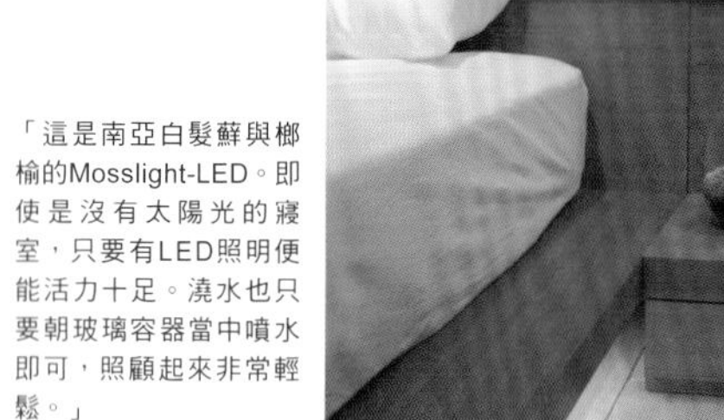

「這是南亞白髮蘚與榔榆的Mosslight-LED。即使是沒有太陽光的寢室，只要有LED照明便能活力十足。澆水也只要朝玻璃容器當中噴水即可，照顧起來非常輕鬆。」

「Mosslight-LED也可以作成吊燈。從房間中央垂吊下來，即可欣賞其照明。圖片中培育的是南亞白髮蘚與南天竺的盆栽。」

「這是fern moss和紅葉樹的Mosslight-LED，和水生景觀瓶一起欣賞，更加療癒。兩者都是有照明器具的生態景觀盆，因此也有統一的質感。」

「南亞白髮蘚和放了榔榆盆栽的Mosslight-LED，讓和室成為時尚的空間。不需要思考陽光亮度的問題，只要想放，房間的任何一個角落都能夠欣賞綠意。」

Indoor Green

Part

04

來作仙人掌生態景觀盆吧！

WORK SHOP
體驗報告

SHOP DATA　**PROTOLEAF Gardening Island 玉川店**

東京都內最大的園藝店。有充足的商品品項，且人員皆具備確實的知識，能夠協助使你的園藝成果更加優秀。
東京都世田谷區瀨田2-32-14 玉川高島屋S・C Garden Island 2F　☎03-5716-8787　http://www.protoleaf.com
營業時間／10：00至20：00（僅1/1休館）

推薦給室內植栽初學者！
仙人掌生態景觀盆

這次的WORK SHOP是在玻璃瓶等透明容器當中，
栽培各式各樣仙人掌的仙人掌生態景觀盆。
除了作為可愛的室內裝飾的一部分，也很耐乾燥，照顧起來很簡單。

□ 使用工具

透明玻璃瓶・平盤兩個・筷子・剪刀
拿取仙人掌和安排裝飾位置等細微工作，選用筷子會更順手。

□ 使用的仙人掌・裝飾品・土壤

作為土壤來使用的是被稱為Hydro Ball的發泡煉石。不需要擔心會弄髒手、或招來蟲子，能夠放心拿進房間裡。仙人掌有10種以上、裝飾品則有20種左右，隨季節不同會稍有改變。

Start

1 將取代土壤的Hydro Ball放入

以鏟子鏟起要當基底的Hydro Ball，將其鋪在玻璃瓶內約1cm高。

2 選擇喜愛的仙人掌

選擇一個較高的仙人掌，整體會比較平衡。仙人掌會因時期不同，而有種類上的變化。

3 拍掉仙人掌上的土壤，剪斷根部

輕輕扶著仙人掌、將泥土拍落至一定程度。將太長的根部，以剪刀剪斷至剩下約1cm左右。

4 將仙人掌放進玻璃瓶中

將仙人掌放在喜歡的位置上。建議不要想太多，依直覺即可。

5 選擇裝飾品

可以選擇松木屑、不凋苔蘚、乾燥花等。

6 將裝飾品依喜好安排位置

以筷子依所想的細節安排。如果希望基底高一點，這時候再添加就好。

7 專屬的生態景觀盆完成！

世界上獨一無二，自己完成的植栽，想必會更加疼愛，培育過程也會十分開心。

Finish

· *Check* ·

Instagram 拍照技巧！

建議可以將蓋子拿起來，從正上方往下拍。或蓋上蓋子由正側方拍攝。

生態景觀盆照料方式

仙人掌生態景觀盆，基本上不太需要照顧，只要遵守以下三項原則即可。

日光

仙人掌超級愛陽光！如果能透過窗簾讓它間接曬到太陽，便能長得很好。

澆水

以根部為中心，若乾燥（大約是三星期一次）就澆水。重點是在水分乾燥前不要蓋上蓋子。

放置場所

若濕度過高，會造成根部腐爛。建議放在稍微乾燥、濕氣較低之處。

＼ 初學者也沒問題！ ／

WORK SHOP Q & A

PROTOLEAF Gardening Island 玉川店，會定期舉辦各式各樣的課程。
以下是一些大家比較在意的問題。

Q 在園藝店裡面舉辦 WORK SHOP 的理由是？

剛開始是覺得，這樣能使植栽初學者有個與植物共同生活的契機。早期是由店鋪工作人員擔任講師。

Q 有哪些人參加呢？

基本上以女性為多，年齡則多半在30至50歲左右。最近則是情侶或夫妻一起來參加體驗的變多了。

Q 希望大家透過體驗獲得怎樣的愉悅呢？

除了培育植物的快樂之外，也希望大家能夠認識到自己製作植栽、將其拿來裝飾的喜悅。

Q WORK SHOP 的舉辦頻率和內容有哪些種類呢？

幾乎是每週末都有，平均每個月會有6至7次。主題有組合、吊掛、生態景觀盆等4至6種。講師有店鋪工作人員，也有外聘的講師。

Q 推薦給植栽初學者的 WORK SHOP 是哪幾個呢？

「季節性組合盆」、「苔蘚生態景觀盆」、「空氣鳳梨生態景觀盆」。作業步驟非常簡單，也能夠輕鬆完成裝飾、也不太需要照顧，因此較為推薦。

＊工房舉辦時間、內容會因季節不同而有所變化。詳細內容請自行洽詢店家。

· *Pickup* ·

IG風植栽圖片成為話題

以下是在工房擔任講師的植物創作者，木原先生的IG內容。

GREEN BUCKER
木原和人先生

以「具備本質的療癒」為主題，設立了植物品牌GREEN BUCKER。製作、販賣生態景觀盆、植物組合盆等，也經營工房，觸角廣泛。Instagram ID：@green_bucker

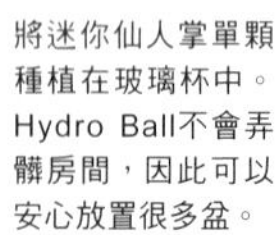

將迷你仙人掌單顆種植在玻璃杯中。Hydro Ball不會弄髒房間，因此可以安心放置很多盆。

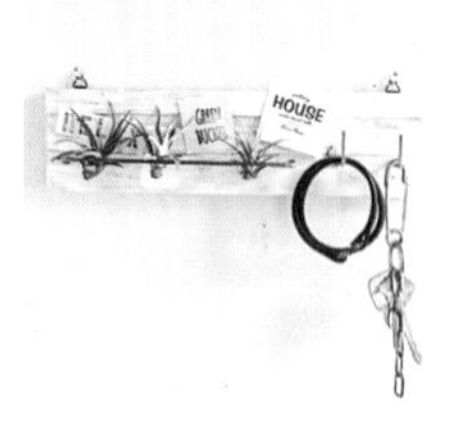

空氣鳳梨不管在哪裡都可以培育，所以自己DIY作了鑰匙掛勾，像這樣裝飾也非常時尚。

以流木來裝飾的空氣鳳梨、使用鐵絲網吊掛的鹿角蕨、以藤網吊掛絲葦。

利用挑高部分，打造出空中叢林風格。這種裝飾方法，推薦給想要擺放大量植物的人。

製作了會飄出淡淡香氣的香氛生態景觀盆。以空氣鳳梨為中心，加上帶藍色的裝飾，十分美麗。

活用修剪時剪下來的植物。放進適當大小的玻璃杯中，就非常可愛。

將仙人掌全部集中在夕陽逐漸西下的窗邊區域，非常有氣氛。容器選擇也是一大重點。

Indoor Green

Part

05

DIY的權威指導

以雜貨店的商品
自己動手
打造室內植栽

以獨特創意＆物品
打造咖啡店風植栽

「『要是有這種物件就好了！』於是就以自己的雙手打造出來，正是植栽DIY的魅力。最近在雜貨店裡也會販售空氣鳳梨或仙人掌，很容易就能夠開始DIY。以我來說，通常是想著希望身邊環繞著更多植物，一邊製作。」

DIY創作者

Chiaki

於電視、雜誌、WEB、活動等各方面都很活躍。其創意及美感，除了將植栽作為裝潢的一部分之外，在收納家具及空間表現的DIY也非常受到好評。

Instagram ID ／ @rkmama45

鳥籠風盆栽組

活用原先無用的空間，
使其更加時尚。
這是通風很良好的設計！

製作時間：1小時

【道具】

- 電鑽
- 9mm鑽頭
- 螺絲起子
- 錐子
- 鋸子
- 銼刀
- 尺規
- 鉛筆、木工膠水

【材料】

- DAISO的方形木材 91x1.5x1.5cm 2支
- DAISO的圓木棍 91x0.9cm 9支
- 細螺絲 30mm 8支

❶ 將方形木棍切成30cm及15cm各4支；圓木棍則切為30cm長26支，各自每隔3cm作個記號。

❷ 以電鑽在方形木棍的記號處雕入2/3深，以銼刀將切斷面及孔洞磨平。

❸

將30cm的方形木棍4支的兩邊，各自在7mm處以錐子打孔。

30cm的方形木棍為9處，15cm的方形木棍有4處，將開好的孔內填入木工膠水。

❺

將30cm及15cm的方形木棍，兩兩一組，各自將圓木棍插進孔洞當中，另一邊也一樣固定。

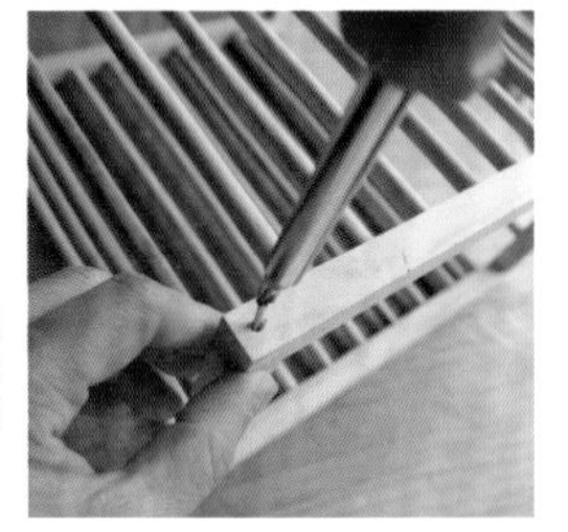

❻

使15cm短邊木棍在內，將方形木棍八個角落以螺絲固定為箱型。

Advice

可以配合設置場所或盆栽大小來調整尺寸。藤蔓系的植物蓋上鳥籠也很棒。

空氣鳳梨
立架

簡單&迷你
可以裝飾
多個植物來欣賞

製作時間：30分鐘

【道具】
- 萬用膠水
- 錐子
- 老虎鉗

【材料】
- DAISO的木材方塊 4個
- DAIDO選購喜愛的鐵絲

❶ 將三個方塊其中一面正中央以錐子開個洞，使三個洞都朝上，黏合四個方塊。

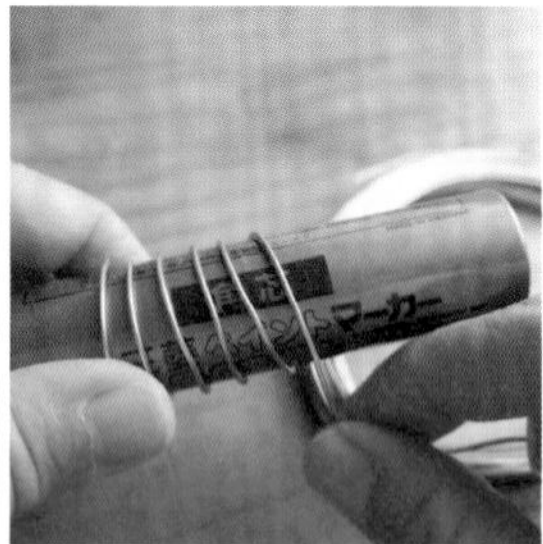

❷ 將鐵絲捲在麥克筆等物體上，捲個五至六次，捲完之後再捲幾圈使其縮向中心。

❸ 以老虎鉗將鐵絲剪成喜歡的長度。將萬用膠水填入❶開的孔中，插下鐵絲便完成。

Advice

要特別注意的是，捲完鐵絲以後，如果不縮小&打造螺旋中心，很容易重心不穩。

水母風
空氣鳳梨吊飾

材料只需要以繩子綁起來，
很快就能完成，
但卻能造就驚人效果！

製作時間：20分鐘

【材料】
- CAN DO的流木束
- CAN DO的麻繩
- Seria的海膽殼
- DAISO選購喜愛的空氣鳳梨

❶ 將流木三至四根綁在一起，安排為喜愛的長度，以麻繩固定起來。兩邊也綁上用來掛在牆上的繩子。

❷ 為了吊掛海膽殼，將麻繩等距綁三處。將麻繩一頭穿過海膽正中間的孔洞。

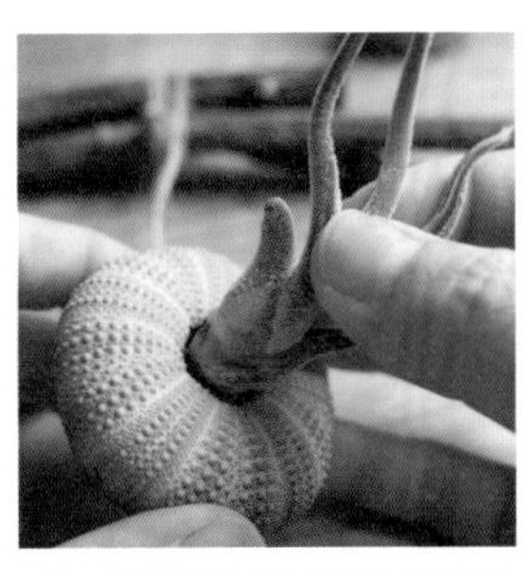

❸ 將穿過孔洞的麻繩多打幾個結使其成為球狀，將空氣鳳梨嵌進洞裡。

Advice

將海膽殼和女王頭這類會伸展葉片的空氣鳳梨，作成水母風格了！

燒杯 仙人掌

以燒杯水耕栽培
超帥氣！
外觀也非常清涼

製作時間：20分鐘

【材料・道具】

- DAISO的仙人掌
- DAISO的燒杯
- CAN DO 的迷你濾網或濾茶器
- 老虎鉗

❶ 將仙人掌的泥土去掉。將根部洗乾淨後剪短，陰乾3天。

❷ 將濾網下端以老虎鉗剪出一個圓洞，讓仙人掌的根部能夠穿過去。

❸ 將仙人掌根部穿過濾網的洞。將它放進裝了水的燒杯，使根部浸在水裡就完成了。

Advice

水耕栽培的魅力之一，是能夠連根部一起觀察，使用燒杯就會看起來更有理科感。

Indoor Green

ITEM_05

Chiaki's DIY

茶壺
生態景觀盆

將它們種在一起，
不管是由上往下，
或從旁邊看過去都能欣賞。

製作時間：30分鐘

【材料・道具】

- DAISO的茶壺
- DAISO的多肉植物・空氣鳳梨
- Seria的天然石
- Seria的土壤
- Seria的園藝用珊瑚
- 喜愛的木屑或苔蘚類等
- 鑷子

❶ 拿出想種在一起的仙人掌或多肉植物，輕輕將去除多餘的泥土。

❷ 將石子、土壤依照順序，鋪在茶壺底，約至1/3處。

❸ 將仙人掌和多肉植物均衡的種在一起，旁邊灑下園藝用珊瑚。

❹ 依照喜好放上木屑及苔蘚作裝飾，會更有生態景觀盆的感覺。

Advice

將天然石、土壤、珊瑚及土壤堆積成層，除了讓水好流通之外，也能使外觀更加美麗。

簡單卻能成為重點
個性派植物大現身！

「我進行室內植栽已經二十年，DIY則已作了五年。使用植物進行的DIY，我非常重視要看起來具清潔感的組合，及顏色簡單、要襯托植物。也會特別考量，夏天就要看來涼爽，冬天就要能感受到溫暖的季節感。通常會活用簡單又有美感的Seria商品。」

空間創作者

瀧本真奈美

使用雜貨商店或小物打造收納&DIY的專家。於電視或雜誌等活躍、活動範圍廣。也出版許多使用雜貨店商品的收納創意書等。

Instagram ID ／ @lovelyzakka

花盆推車

加上滑輪便很容易移動，調整日照也輕輕鬆鬆

製作時間：1.5小時

【材料・道具】

- DAISO的木工板材 A(40×6×12cm)3片 B(40×9×15cm)1片
- DAISO的薰杉木柱約80cm 4支
- DAISO的雙輪腳輪 2個裝x2組
- 顏料(雪白色)
- 螺絲 10支
- 釘子 14支
- 強力黏膠
- 電動刀具、銼刀
- 刷具、鐵鎚

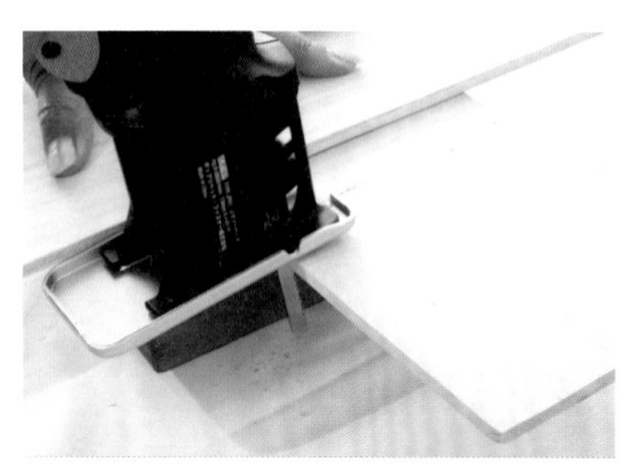

❶ 將木工板材A當中一片切下15cm寬的2片。剩下兩片是側面，B則是底部。

❷ 將薰杉木柱切成37cm長的4支、9cm長4支，這是推車腳的部分。40cm長1支是支撐植物的支柱。

❹ 將❶的木工板材A和B合拼為花盆，將四邊以強力黏膠及釘子固定。

❸ 將37cm和9cm長的薰杉木柱，配合花盆寬度作出推車腳，以強力黏膠及螺絲固定。

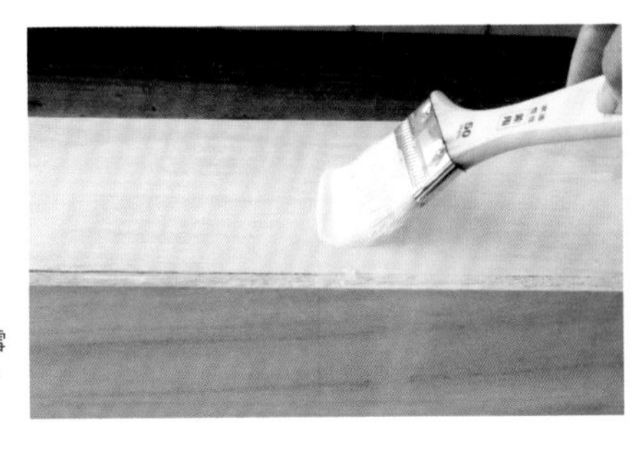

❺ 將花盆側面以雪白色顏料上色，待其完全乾燥。

Advice

將推車腳以螺絲固定在花盆上便完成。若加上腳輪，便能輕鬆移動了。

Indoor Green
ITEM_02
Manami's DIY

縫紉工具箱植物組合

可以達到
縫紉工具箱的功能
又能裝飾植物

製作時間：30分鐘

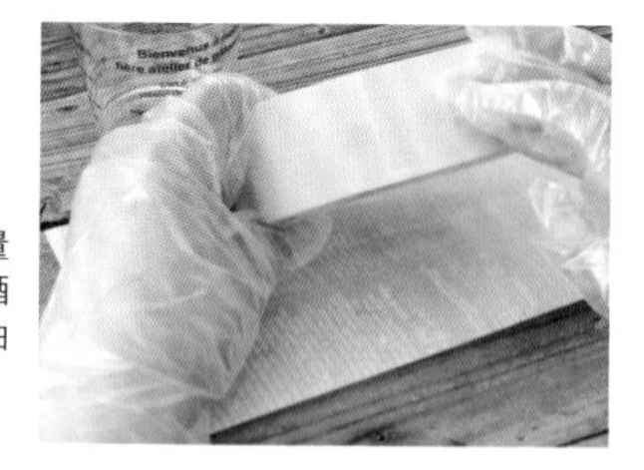

❶
將木盒塗上適量的橄欖油，以酒精擦拭掉多餘油脂。

❷
以美術紙帶作成把手。以釘書機固定在❶上，使用木工用黏膠黏上鈕釦。

❸
將植物放進裝飾花盆裡，再以蠟紙包裝。並搭配縫紉用品作裝飾。

【材料・道具】

- 喜愛的植物
- 橄欖油・酒精
- 釘書機
- 木工用黏膠
- 蠟紙
- Seria的木盒
- Seria的美術紙帶
- Seria的裝飾花盆
- Seria的鈕釦・穿線器・錐子・剪刀・線

Advice

在木盒上塗橄欖油，能夠使其保留自然風格又能強化木材。

Indoor Green
ITEM_03
Manami's DIY

午餐盒風植物籃

以紙製午餐盒
作為盆栽套
變為清新感風格

製作時間：30分鐘

【材料・道具】

- Seria的園藝托盤
- Seria的馬口鐵桶
- Seria的紙製午餐盒
- Seria的午餐叉
- Seria的復古風鐵絲網籃
- Seria的椰子纖維
- WATTS的綠色盆栽
- Watco Oil Driftwood
- 盆底石

❶ 為了讓園藝托盤更有味道，塗抹上一層Watco Oil之後，再上保護漆。

❷ 將馬口鐵桶放進紙製午餐盒中，將盒蓋向內摺。

❸ 在馬口鐵桶內放入盆底石，再放下植物盆栽。蓋上鐵絲網籃後便完成。

Advice

以椰子纖維和午餐叉等裝飾植物，能夠提升時尚度。

試管植物畫框

將重要的植物
修剪過後
也能可愛地展示

製作時間：40分鐘

【材料・道具】

- Seria的木製相框兩面款
- Seria的園藝花盆試管 3支
- Seria的雙重環圈 3個
- Seria的園藝用玻璃砂
- Watco Oil Driftwood
- 釘槍
- 木工用黏膠

Advice

將原先從相框裡拆下來的玻璃放一片回去。如此更能襯托出試管中的植物。

❶ 將兩面式木製相框裡面的兩片玻璃拆下來，塗抹Watco Oil。

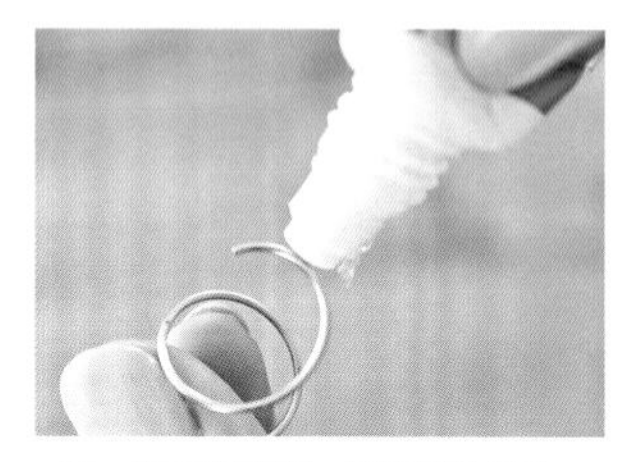

❷ 準備好試管、園藝用玻璃砂和水、植物，展開環圈，塗上黏膠。

❸ 以釘槍將環圈固定在相框上，裝進試管後便完成。

植物&湯匙

可以放在玄關
廚房、洗手間裝飾
搭配性非常自由

製作時間：30分鐘

【材料・道具】

- Seria的壓克力量匙
- Seria的椰子纖維
- DAISO的人造植物
- 乾燥水果
- 喜歡的麻繩
- 熱熔膠・熱熔膠槍

Advice

將麻繩綁在湯匙柄上，就會有花束般的感覺，能成為很棒的裝飾品。

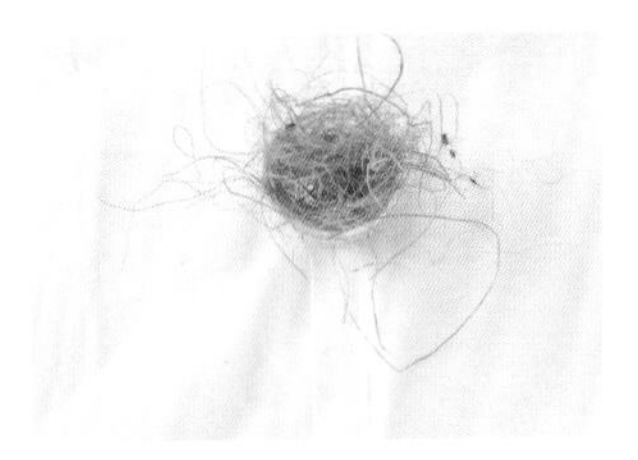

❶ 以熱熔膠槍將熱熔膠融化後，填入壓克力量匙中。

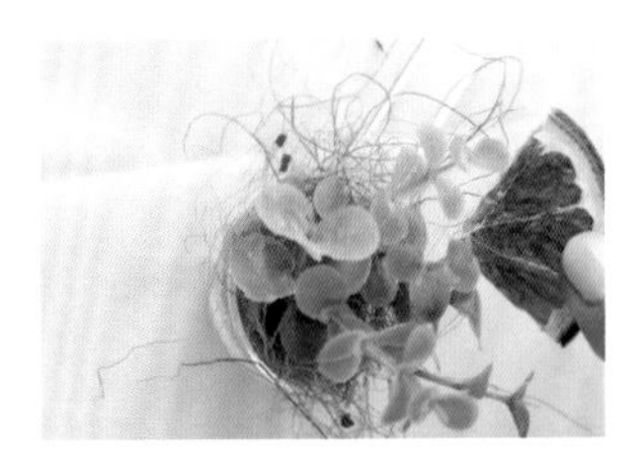

❷ 在熱熔膠硬化前，將椰子纖維傾輕鋪在上面。

❸ 一邊調整人造植物的長度，一邊以熱熔膠固定。乾燥水果也固定上去。

由 IG 發跡的

室內植栽 DIY 技巧集

忍不住按下愛心！想試著作作看！一起拜訪有著植栽DIY的家庭吧！

Name / **YUPINOKO** Instagram ID / **@yupinoko**

使用瓦斯管，或作成二手物品風格……YUPINOKO那令人感到安心親切的室內植栽DIY，在IG上大受歡迎。

木板條箱

「使用Seria的木板條，材料費大概800日幣左右。首先以螺絲固定木板條，再塗成深棕色。加上螺母和螺栓，加上腳輪就成了移動式的箱子。再加點型版印刷就會更加時尚。」

復古風花盆

「以雜貨店的白色及黑色壓克力顏料作出灰色，塗在一樣是雜貨店買的花盆兩次。將灰色加上白色和水的溶液、及黑色加水的溶液，以海綿交互拍打上色就完成了。」

植物用吊掛立架

「這是作得像是瓦斯管風格的植物吊掛用立架。除了作為室內裝潢與室內融和之外，也很能襯托出植物，所以非常喜愛。也不太占空間，只要有一點位置就能放了。」

貨櫃箱

「與男性化室內裝潢的房間非常搭調，能夠將葉片較大的植物裝飾成帥氣風格，就是這貨櫃風的木箱了。為了帶出木頭的氣氛，刻意在塗表漆的時候稍微不均勻些。」

瓦斯管植物立架

「以大賣場買到的瓦斯管，作成感覺剛強外型的植物立架。以瓦斯管專用的接頭就能結合各零件，作成有四支腳的檯子，只需要把零件組合在一起！」

木製托盤

「因為是淺托盤型的木箱，搬運種苗也非常方便。如果塞滿各種植物、擺放在一起，也能欣賞宛如園藝店一般的展示。印上英文字，便能令人感覺親近。」

空氣鳳梨立架

「使其看起來外型像個檯燈，宛如擬態植物一般的DIY。以排雨管底座零件夾住木材，再使用L型固定鐵片固定。將細鐵絲穿過排雨管用底座零件，夾住空氣鳳梨就完成了。遠遠地看，還會覺得空氣鳳梨漂浮在半空中。」

Name ／ **kyoko**　　Instagram ID ／ **@kyoooko1**

kyoko在製作自宅的家具和小東西時，也開始打造植物DIY。
主要是放植物的花盆或盆栽套，以小東西為主的重製DIY。

復古風改造鐵罐

「以剉刀處理過的空罐，以白色壓克力顏料繪圖。為了表現出生鏽的樣子，使用棕色的壓克力顏料和稀釋劑，稍微點綴出髒汙感。將網路上的免費素材圖案列印出來貼上。」

重製花盆 & 花盆台

「將素燒的盆栽盆變身。以黑白塗料混合成我喜歡的灰色，再加上麵粉，以刷子拍打般將表面整個上色。盆栽底座是以腳踏板剩餘的材料作的。」

烤網花盆托盤

「將雜貨店買到的烤網摺彎，再以黑色壓克力顏料塗過，成為放盆栽的托盤。加上掛勾讓它掛在陽台扶手上。看見植物們沐浴在陽光下，非常有活力的樣子，很令人開心喔！」

木箱植物掛籃

「以剩餘材料作的木箱，貼上Seria的數字磁鐵，再開幾個能穿過鐵絲的洞，就能夠吊掛起來了。像綠之鈴這類會下垂的植物，吊掛起來會令人印象深刻，我非常喜歡。」

馬口鐵盆栽套

「先以剉刀將金色的水桶處理過，將白色水性顏料混進很多麵粉、提高黏性，再以刷子拍打般的上顏色，就能作出復古風格。這樣就能和家裡的裝潢搭配，具有統整感。」

Name / **miwa**　　Instagram ID / **@11miwa26**

miwa擅長的是將最喜歡的男人味裝潢，搭配上植物DIY。
也非常善於搭配不需要在意日照，能夠在家裡到處展示的人造植物。

迷你木箱盆栽套

「將雜貨店買的木箱塗成灰色，表面再貼上裝飾貼紙。四邊貼上切下來的木條，看起來就像個畫框。這個木箱裡面培育的是經常使用在料理當中的洋芫荽。」

木板條桶盆栽套

「展示在窗邊的是真的植物薜荔。將木板條貼在雜貨店買的花盆上再上色，再以麻繩綁起來固定。加上裝飾字樣、設計一下，就變成木桶風格的盆栽套了。」

植物木梯

「將2×4的木材切斷，塗裝DIY成梯子及看板。黑色的花盆是將雜貨店的瓶子塗色，再綁上麻繩作為裝飾的重製品。將inazaurusu屋的人造植物掛在梯子上，雜貨店的人造植物放在盆子裡。」

植物麻袋盒

「將舊木材塗成白色，裝上掛勾，作成吊掛架。將inazaurusu屋的搖擺枝葉和迷迭香，裝進雜貨店的麻袋裡展示。」

| 自然綠生活 | 28

生活中的綠舍時光

30位IG人氣裝飾家＆綠色植栽的搭配布置

授　　權／主婦之友社
譯　　者／黃詩婷
發 行 人／詹慶和
總 編 輯／蔡麗玲
執行編輯／劉蕙寧
編　　輯／蔡毓玲・黃璟安・陳姿伶・李宛真・陳昕儀
執行美編／陳麗娜
美術編輯／周盈汝・韓欣恬
內頁排版／陳麗娜
出 版 者／噴泉文化館
發 行 者／悅智文化事業有限公司
郵政劃撥帳號／19452608
戶　　名／悅智文化事業有限公司
地　　址／新北市板橋區板新路206號3樓
電　　話／(02)8952-4078
傳　　真／(02)8952-4084
網　　址／www.elegantbooks.com.tw
電子信箱／elegant.books@msa.hinet.net

2019 年 4 月初版一刷　定價 380 元

經銷／易可數位行銷股份有限公司
地址／新北市新店區寶橋路235巷6弄3號5樓
電話／(02)8911-0825
傳真／(02)8911-0801

Staff

裝幀・內文設計
高木秀幸（hoop.）

攝影
黑澤俊宏・土屋哲朗
（兩人皆為主婦之友社）

插畫
板羽 萌

取材・內文
白倉綾子・橋本いずみ・足立舞香
（主婦之友社）

編輯負責
三橋祐子（主婦之友社）

＊本書記載之資訊為本書發售時的內容。資訊、URL可能已經更新。
＊本書刊載之商品、植物等皆為私人物品，當中包含可能已經無法買到的物品。關於詳細內容已盡可能正確記述，但對內容不作任何保證。

國家圖書館出版品預行編目 (CIP) 資料

生活中的綠舍時光 ・30 位 IG 人氣裝飾家＆綠色植栽的搭配布置 / 主婦之友社授權；黃詩婷譯 .
-- 初版 . -- 新北市 : 噴泉文化館出版 , 2019.4
面；　公分 . -- (自然綠生活 ; 28)
ISBN 978-986-97550-2-3 (平裝)

1. 家庭佈置 2. 室內設計 3. 園藝學
422　　108004990

花之道 14
愛花人必學
67種庭園花木修剪技法
作者：妻鹿加年雄
定價：480元
19×26 cm · 160頁 · 彩色

花之道 15
我的第一本洋蘭栽植書Q&A
作者：江尻宗一
定價：480元
17×24 cm · 192頁 · 彩色

花之道 16
德式花藝名家親傳
花束製作的基礎&應用
作者：橋口学
定價：480元
21×26 cm · 128頁 · 彩色

花之道 17
幸福花物語・
247款人氣新娘捧花圖鑑
授權：KADOKAWA CORPORATION ENTERBRAIN
定價：480元
19×24 cm · 176頁 · 彩色

花之道 18
花草慢時光・Sylvia
法式不凋花手作札記
作者：Sylvia Lee
定價：580元
19×24 cm · 160頁 · 彩色

花之道 19
世界級玫瑰育種家栽培書
愛上玫瑰&種好玫瑰的
成功栽培技巧大公開
作者：木村卓功
定價：580元
19×26 cm · 128頁 · 彩色

花之道 20
圓形珠寶花束
閃爍幸福&愛・繽紛の花藝
52款妳一定喜歡的婚禮捧花
作者：張加瑜
定價：580元
19×24 cm · 152頁 · 彩色

花之道 21
花禮設計圖鑑300
盆花+花圈+花束+花盒+花裝飾・
心意&創意滿點的花禮設計參考書
授權：Florist編輯部
定價：580元
14.7×21 cm · 384頁 · 彩色

花之道 22
花藝名人的
葉材構成&活用心法
作者：永塚慎一
定價：480元
21×27 cm · 120頁 · 彩色

花之道 23
Cui Cui的森林花女孩的
手作好時光
作者：Cui Cui
定價：380元
19×24 cm · 152頁 · 彩色

花之道 24
綠色穀倉的創意書寫
自然的乾燥花草設計集
作者：kristen
定價：420元
19×24 cm · 152頁 · 彩色

花之道 25
花藝創作力！以6訣竅啟發
個人風格&設計靈感
作者：久保数政
定價：480元
19×26 cm · 136頁 · 彩色

花之道 26
FanFan的融合×混搭花藝學：
自然自在花浪漫
作者：施慎芳（FanFan）
定價：420元
19×24 cm · 160頁 · 彩色

花之道 27
花藝達人精修班：
初學者也OK的70款花藝設計
作者：KADOKAWA CORPORATION ENTERBRAIN
定價：380元
19×26 cm · 104頁 · 彩色

花之道 28
愛花人的玫瑰花藝設計book
作者：KADOKAWA CORPORATION ENTERBRAIN
定價：480元
23×26 cm · 128頁 · 彩色

花之道 29
開心初學小花束
作者：小野木彩香
定價：350元
15×21 cm · 144頁 · 彩色

悠遊四季花間
擁抱一束季節馨香

本圖片摘自《冠軍花藝師的設計×思考 學花藝一定要懂的10堂基礎美學課》

花之道02
初學者の第一堂花藝課
授權：KADOKAWA CORPORATION ENTERBRAIN
定價：480元
23×26 cm．150頁．彩色

花之道03
愛花人一定要學の花の包裝聖經
授權：KADOKAWA CORPORATION ENTERBRAIN
定價：480元
23×26 cm．120頁．彩色

暢銷增訂版

花之道04
手作美好花時間
作者：施慎芳（FanFan）
定價：420元
19×24 cm．152 頁．彩色

暢銷版

花之道05
綠色穀倉的乾燥花
美麗練習本
作者：kristen
定價：380元
18×24 cm．128頁．彩色

花之道 06
插花課的超強配角
葉材の運用魔法LESSON
授權：KADOKAWA CORPORATION ENTERBRAIN
定價：480元
23×26 cm．112頁．彩色

花之道 07
少少預算&花材
日日美好插花祕技
授權：KADOKAWA CORPORATION ENTERBRAIN
定價：480元
23×26 cm．112頁．彩色

花之道 08
手繞自然風花圈
野花・切花・乾燥花・果實・藤蔓
作者：平井かずみ
定價：380元
19×24 cm．80頁．彩色

花之道 09
作花圈&玩雜貨
黑田健太郎的
庭園風花圈×雜貨搭配學
作者：黑田健太郎
定價：420元
19×26 cm．120頁．彩色

花之道 10
花&雜貨的時尚搭配技巧
不凋花・人造花&雜貨的美麗變身
作者：桑島佳英
定價：420元
21×26 cm．128頁．彩色

花之道 11
綠色穀倉的
乾燥花草時光手作集
作者：kristen
定價：380元
19×24 cm．128頁．彩色

花之道 12
美麗の新娘捧花設計書
授權：Florist編輯部
定價：520元
19×26 cm．112頁．彩色

花之道 13
FanFan的每日好感花生活
自然×優雅的乾燥花&不凋花
作者：施慎芳（FanFan）
定價：480元
19×24 cm．192頁．彩色

花之道 52
與自然一起吐息・空間花設計
作者：楊婷雅
定價：680元
19×26 cm・196頁・彩色

花之道 42
女孩兒的花裝飾・
32款優雅纖細的手作花飾
作者：折田さやか
定價：480元
19×24 cm・80頁・彩色

花之道 43
法式夢幻復古風：
婚禮布置&花藝提案
作者：吉村みゆき
定價：580元
18.2×24.7 cm・144頁・彩色

花之道 44
Sylvia's法式自然風手綁花
作者：Sylvia Lee
定價：580元
19×24 cm・128頁・彩色

花之道 54
古典花時光
Sylvia's法式乾燥花設計
作者：Sylvia Lee
定價：580元
19×24 cm・144頁・彩色

花之道 45
綠色穀倉的
花草香氛蠟設計集
作者：Kristen
定價：480元
19×24 cm・144頁・彩色

花之道 48
花藝設計基礎理論學
監修：磯部健司
定價：680元
19×26 cm・144頁・彩色

花之道 49
隨手一束即風景
初次手作倒掛の乾燥花束
作者：岡本典子
定價：380元
19×26 cm・88頁・彩色

花之道 63
冠軍花藝師的設計×思考
學花藝一定要懂的10堂基礎美學課
作者：謝垂展
定價：1200元　特價：980元
19×26 cm・192頁・彩色

花之道 50
雜貨風綠植家飾
空氣鳳梨栽培圖鑑118
作者：鹿島善晴
視覺總監：松田行弘
定價：380元
19×26 cm・88頁・彩色

花之道 53
上色・構圖・成型
一次學會自然系花草香氛蠟磚
監修：篠原由子
定價：350元
19×26 cm・96頁・彩色

花之道 55
四時花草
與花一起過日子
作者：谷匡子
定價：680元
19×26 cm・208頁・彩色

花之道 56
花藝設計色彩搭配學
作者：坂口美重子
定價：580元
19×26 cm・152頁・彩色

花之道 57
切花保鮮術
讓鮮花壽命更持久
&外觀更美好的品保關鍵
作者：市村一雄
定價：380元
14.8×21 cm・192頁・彩色

花之道 58
法式花藝設計配色課
作者：古賀朝子
定價：580元
19×26 cm・192頁・彩色

花之道 46
Sylvia's
法式自然風手作花圈
作者：Sylvia Lee
定價：580元
19×24 cm · 128頁 · 彩色

花之道 30
奇形美學 食蟲植物瓶子草
作者：木谷美咲
定價：480元
19×26 cm · 144頁 · 彩色

花之道 31
葉材設計花藝學
授權：Florist編輯部
定價：480元
19×26 cm · 112頁 · 彩色

花之道 32
Sylvia優雅法式花藝設計課
作者：Sylvia Lee
定價：580元
19×24 cm · 144頁 · 彩色

花之道 33
花・實・穗・葉的
乾燥花輕手作好時日
授權：誠文堂新光社
定價：380元
15×21 cm · 144頁 · 彩色

花之道 34
設計師的生活花藝香氛課：
手作的不只是花×皂×燭，
還是浪漫時尚與幸福！
作者：格子・張加瑜
定價：480元
19×24 cm · 160頁 · 彩色

花之道 35
最適合小空間的
盆植玫瑰栽培書
作者：木村卓功
定價：480元
21×26 cm · 128頁 · 彩色

花之道 47
花草好時日：
跟著James開心初學韓式花藝設計
作者：James Chien 簡志宗
定價：480元
19×24 cm · 144頁 · 彩色

花之道 36
森林夢幻系手作花配飾
作者：正久りか
定價：380元
19×24 cm · 88頁 · 彩色

花之道 37
從初階到進階・花束製作の
選花&組合&包裝
授權：Florist編輯部
定價：480元
19×26 cm · 112頁 · 彩色

花之道 38
零基礎ok！
小花束的free style 設計課
作者：one coin flower俱樂部
定價：350元
15×21 cm · 96頁 · 彩色

花之道 51
綠色穀倉・最多人想學的
24堂乾燥花設計課
作者：Kristen
定價：580元
19×24 cm · 152頁 · 彩色

花之道 39
綠色穀倉的
手綁自然風倒掛花束
作者：Kristen
定價：420元
19×24 cm · 136頁 · 彩色

花之道 40
葉葉都是小綠藝
授權：Florist編輯部
定價：380元
15×21 cm · 144頁 · 彩色

花之道 41
盛開吧！花&笑容
祝福系・手作花禮設計
授權：KADOKAWA CORPORATION
定價：480元
19×27.7 cm · 104頁 · 彩色

自然綠生活14
多肉×仙人掌迷你造景花園
作者：松山美紗
定價：380元
21×26 cm · 104頁 · 彩色

自然綠生活15
初學者的
多肉植物&仙人掌日常好時光
編著：NHK出版
監修：野里元哉·長田研
定價：350元
21×26 cm · 112頁 · 彩色

自然綠生活16
Deco Room with Plants here and there
美式個性風×綠植栽空間設計
作者：川本 諭
定價：450元
19×24 cm · 112頁 · 彩色

自然綠生活17
在11F-2的
小花園玩多肉的365日
作者：Claire
定價：420元
19×24 cm · 136頁 · 彩色

自然綠生活18
以綠意相伴的生活提案
授權：主婦之友社
定價：380元
18.2×24.7 cm · 104頁 · 彩色

自然綠生活19
初學者也OK的森林原野系
草花小植栽
作者：砂森 聡
定價：380元
21×26 cm · 80頁 · 彩色

自然綠生活20
多年生草本植物栽培書：
從日照條件了解植物特性
作者：小黑 晃
定價：480元
21×26 cm · 160頁 · 彩色

自然綠生活21
陽臺盆栽小菜園
自種·自摘·自然食在
授權：NHK出版
監修：北条雅章·石倉ヒロユキ
定價：380元
21×26 cm · 120頁 · 彩色

自然綠生活22
室內觀葉植物精選特集
作者：TRANSHIP
定價：450元
19×26 cm · 136頁 · 彩色

自然綠生活23
親手打造私宅小庭園
授權：朝日新聞出版
定價：450元
21×26 cm · 168頁 · 彩色

自然綠生活 24
廚房&陽台都OK
自然栽培的迷你農場
授權：BOUTIQUE-SHA
定價：380元
21×26 cm · 96頁 · 彩色

自然綠生活 25
玻璃瓶中的植物星球
以苔蘚·空氣鳳梨·多肉·觀葉植物
打造微景觀生態花園
授權：BOUTIQUE-SHA
定價：380元
21×26 cm · 82頁 · 彩色

自然綠生活 26
多肉小宇宙
多肉植物的生活提案
作者：TOKIIRO
定價：380元
21×22 cm · 96頁 · 彩色

自然綠生活 27
人氣園藝師
川本諭的植物&風格設計學
作者：川本諭
定價：450元
19×24 cm · 120頁 · 彩色

花草集01
最愛的花草日常
有花有草就幸福的365日
作者：增田由希子
定價：240元
14.8×14.8 cm · 104頁 · 彩色

綠庭美學01
木工&造景
綠意的庭園DIY
授權：BOUTIQUE-SHA
定價：380元
21×26 cm · 128頁 · 彩色

花之道 59
花圈設計的創意發想&製作
授權：Florist編輯部
定價：580元
19×26 cm · 232頁 · 彩色

花之道 60
異素材花藝設計
作品實例200
授權：Florist編輯部
定價：580元
14.7×21 cm · 328頁 · 彩色

花之道 61
初學者的花藝設計
配色讀本
作者：坂口美重子
定價：580元
19×26 cm · 136頁 · 彩色

花之道 62
全作法解析・四季選材
德式花藝の花圈製作課
作者：橋口学
定價：580元
21×26 cm · 136頁 · 彩色

自然綠生活02
懶人最愛的
多肉植物&仙人掌
作者：松山美紗
定價：320元
21×26 cm · 96頁 · 彩色

自然綠生活03
Deco Room with Plants
人氣園藝師打造の綠意&
野趣交織の創意生活空間
作者：川本諭
定價：450元
19×24 cm · 112頁 · 彩色

自然綠生活 04
配色×盆器×多肉屬性
園藝職人の多肉植物組盆
筆記
作者：黑田健太郎
定價：480元
19×26 cm · 160頁 · 彩色

自然綠生活 05
雜貨×花與綠的自然家生活
香草・多肉・草花・觀葉植
物的室內&庭園搭配布置訣竅
作者：成美堂出版編輯部
定價：450元
21×26 cm · 128頁 · 彩色

自然綠生活 06
陽台菜園聖經・有機栽培81種蔬果，
在家當個快樂の盆栽小農！
作者：木村正典
定價：480元
21×26 cm · 224頁 · 彩色

自然綠生活07
紐約森呼吸・
愛上綠意圍繞の創意空間
作者：川本諭
定價：450元
19×24 cm · 114頁 · 彩色

自然綠生活08
小陽台の果菜園&香草園
從種子到餐桌，食在好安心！
作者：藤田智
定價：380元
21×26 cm · 104頁 · 彩色

自然綠生活 09
懶人植物新寵
空氣鳳梨栽培圖鑑
作者：藤川史雄
定價：380元
14.7×21 cm · 128頁 · 彩色

自然綠生活 10
迷你水草造景×生態瓶の
入門實例書
作者：田畑哲生
定價：320元
21×26 cm · 80頁 · 彩色

自然綠生活11
可愛無極限・
桌上型多肉迷你花園
作者：Inter Plants Net
定價：380元
18×24 cm · 104頁 · 彩色

自然綠生活12
sol×sol的懶人花園・與多肉植物
一起共度的好時光
作者：松山美紗
定價：380元
21×26 cm · 96頁 · 彩色

自然綠生活13
黑田園藝植栽密技大公開：
一盆就好可愛的多肉組盆NOTE
作者：黑田健太郎，栄福綾子
定價：480元
19×26 cm · 104頁 · 彩色